新工科建设之路·机器人技术与应用系列
应用型人才创新能力培养

机器人制作与开发

（单片机技术及应用）

（第2版）

秦志强　熊根良　吴明晖　编著

電子工業出版社.

Publishing House of Electronics Industry

北京·BEIJING

内 容 简 介

本书将教学机器人引入单片机课程，采用基于系统化项目的教学方法，将单片机的 I/O 端口资源、定时器和中断系统、键盘接口技术、A/D 和 D/A 扩展等教学内容融入循序渐进的教学机器人制作和比赛项目中，使读者直接在项目应用和比赛过程中学习单片机技术，提升学习效率，最后通过归纳总结，获得单片机应用系统设计的知识和技能。本书所有项目都使用 C 语言作为开发语言，这样可以使读者进一步强化 C 语言学习效果，同时在毕业时具备应用 C 语言和单片机完成机器人应用系统开发的能力。本书打破了传统的单片机教学方法和教学体系结构，解决了单片机课程抽象、难学和学习效果差的难题。

本书可作为应用型本科、高职院校"单片机技术及应用"或"机器人制作与开发"相关课程的教材或教学参考书，也可作为工程训练和单片机、机器人课程设计的实践教材及相关专业课程的综合实践教材，同时可供广大希望从事嵌入式系统开发和单片机 C 语言程序设计的学生自学使用。

图书在版编目（CIP）数据

机器人制作与开发：单片机技术及应用 / 秦志强，熊根良，吴明晖编著. —2 版. —北京：电子工业出版社，2022.11

ISBN 978-7-121-38603-9

Ⅰ. ①机…　Ⅱ. ①秦…　②熊…　③吴…　Ⅲ. ①微控制器－应用－机器人－制作－高等学校－教材

Ⅳ. ①TP242

中国版本图书馆 CIP 数据核字（2020）第 034617 号

责任编辑：章海涛

印　　　刷：三河市君旺印务有限公司

装　　　订：三河市君旺印务有限公司

出版发行：电子工业出版社

　　　　　北京市海淀区万寿路 173 信箱　　邮编：100036

开　　本：787×1 092　1/16　印张：10.25　字数：262.4 千字

版　　次：2014 年 3 月第 1 版

　　　　　2022 年 11 月第 2 版

印　　次：2023 年 11 月第 2 次印刷

定　　价：39.00 元

凡所购买电子工业出版社图书有缺损问题，请向购买书店调换。若书店售缺，请与本社发行部联系，联系及邮购电话：（010）88254888，88258888。

质量投诉请发邮件至 zlts@phei.com.cn，盗版侵权举报请发邮件至 dbqq@phei.com.cn。

本书咨询联系方式：liuy01@phei.com.cn。

前　言

新工科是以互联网、大数据和云计算等为代表的现代信息技术与传统工程学科结合产生的新兴工程学科，包括智能制造、智慧城市、智能交通、智能物流和智慧农业等。新工科的核心技术便是机器人和智能装备。相对于传统的工科体系，新工科机器人工程体系在原有工科体系基础上增加了人工智能和系统集成技术，而人工智能则是系统集成的灵魂。

无论是人工智能还是系统集成，都离不开计算机软件（编程）和硬件。从现有的技术角度来讲，所有的人工智能基本上都是通过计算机系统实现的，而所有系统集成的核心也是计算机软件和硬件。因此，可以将计算机应用系统设计能力提高到新工科人才必备能力的高度。现在新工科专业无法实现创新人才培养的瓶颈就在于，学生的创新系统设计能力有所不足。

要想真正具备创新系统设计能力，不能只学习应用软件的设计，还必须深入计算机内部，深入了解和掌握计算机硬件的原理，开发出高质量的应用系统。新工科建设之路·机器人技术与应用系列教材编委会经过几次集中研讨，在综合了卓越工程师计划和CDIO[①]教学成果的基础上，博采众长，决定出版一套循序渐进的教材，如表1所示。

表1　新工科建设之路·机器人技术与应用系列教材

序号	课程名称	教材名称	面向层次
1	C语言程序设计	《机器人程序设计（C语言）》（第2版）	本科（大一）
2	单片机技术及应用	《机器人制作与开发（单片机技术及应用）》（第2版）	本科（大二上）
3	移动机器人基础	《移动机器人基础——基于STM32小型机器人》	本科（大三）、高职毕业设计
4	工业机器人基础	《工业机器人系统设计》	本科（大三）
5	机器人系统设计	《机器人系统设计——基于STM32小型机器人》	本科毕业设计、综合实践课程设计
6	机器视觉	《机器视觉》	本科（大三、大四）
7	机器人操作系统	《机器人操作系统ROS应用实践》	本科（大三）
8	智能机器人系统设计	《中型智能移动机器人设计与制作》	本科毕业设计、综合实践、课程设计

---

① CDID：Conceive（构思）、Design（设计）、Implement（实施）、Operate（运行）。

这套系列教材严格遵循了循序渐进、赛学合一、以终为始和全面综合的编写原则，它们形成了一个有机的整体，目的是为培养创新型人才提供食粮。

　　本书创造性地以机器人作为单片机的应用开发平台，以 C 语言作为开发语言，辅以比赛机器人作为综合实践对象，将单片机技术及应用的学习与一系列循序渐进的趣味机器人项目结合起来，寓教于乐，化被动学习为主动学习，提高单片机技术及应用课程的教学效率和教学水平，帮助学生全面掌握嵌入式机器人创新系统的设计能力。

秦志强

目　　录

第 1 章 单片机最小系统及其搭建

从本章开始，我们将深入单片机内部，详细介绍单片机的工作原理和使用方法。通过编程制作功能强大的教育机器人，使读者对单片机的所有可编程资源有一个深刻的认识和理解，掌握如何利用这些资源开发出执行高效、功能强大的机器人应用系统。

深入了解单片机详细工作原理的第一步是完成单片机最小系统电路的搭建，并用 C 语言编写一个基本的运动程序，然后将其下载到最小系统中，验证最小系统能否正常工作。

单片机最小系统

单片机最小系统也称最小应用系统，是指由最少的元件组成的可工作的单片机系统。AT89S52 单片机最小系统主要由下载电路、电源电路、复位电路、时钟电路等部分组成。AT89S52 单片机最小系统的电路原理图如图 1.1 所示。

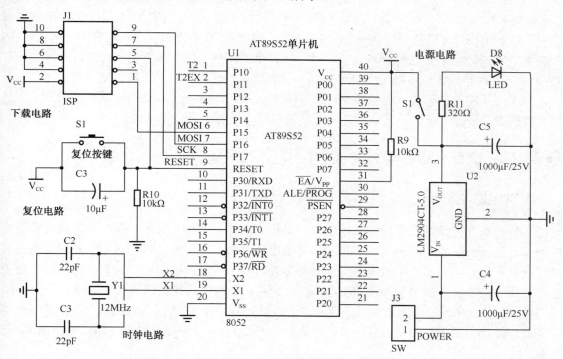

图 1.1 AT89S52 单片机最小系统的电路原理图

搭建 AT89S52 单片机最小系统所需的元件清单

搭建 AT89S52 单片机最小系统所需的元件清单如表 1.1 所示。

表 1.1　搭建 AT89S52 单片机最小系统所需的元件清单

元 件 名 称	数　量	功　能
AT89S52 芯片（双列直插式封装）	1 片	主控核心
10kΩ电阻	2 个	限流电阻
220Ω电阻	1 个	限流作用
22pF 瓷片电容	2 个	微调作用
10μF 电解电容	1 个	复位电路
1000μF 电解电容	2 个	充、放电
按键	1 个	复位按键
12MHz 晶振	1 个	时钟频率
拨码开关	1 个	通断开关
插针	2 引脚1个，3 引脚2个	电源接口
LM2904（稳压器）	1 个	稳压作用
发光二极管（LED）	1 个	电源指示
162×54 面包板	2 个	搭建平台

硬件小知识：芯片的封装

　　AT89S52 芯片常见的封装方式有 4 种，分别为 QFP 封装、PLCC 封装、PDIP40 直插式封装和 TOFP 封装。这里使用的 AT89S52 芯片采用 PDIP40 封装方式，该芯片有 40 个引脚。本书从第 2 章开始使用 C51 教学板，C51 教学板使用的芯片采用 TOFP 封装方式，该芯片共有 42 个引脚。两种封装的区别在于封装方式和引脚数量，而它们对应引脚的功能相同。

　　为了方便将单片机装到面包板上，要采用 AT89S52 单片机的双列直插式封装芯片。正式的电路板通常装到都采用贴片式的 TOFP 封装芯片，以便于自动化贴装。

任务 1.1　AT89S52 单片机最小系统的搭建

时钟电路的搭建

　　单片机指令的执行需要用到时钟信号，晶振（晶体振荡器）就是用来为单片机提供基本时钟信号的。时钟频率越高，单片机的运行速度就越快。每个单片机都有它能够接受的最高时钟频率。当一个单片机系统中有多个芯片需要时钟信号时，它们通常共用一个晶振，便于各部分保持同步。晶振通常与锁相环电路配合使用，以提供系统所需的时钟频率。

　　这里用 12MHz 的晶振作为振荡源，由于 AT89S52 单片机内部带有振荡电路，所以外部只需要连接一个晶振和两个电容即可，电容容量一般为 15～50pF，时钟电路原理图如图 1.2 所示。

　　具体搭建过程如下所述。

　　在单片机的 18（X2）、19（X1）引脚上接一个 12MHz 的晶振，晶振的两个引脚分别接一个 22pF 的瓷片电容，再全部接地。单片机右上角的 40 引脚接电源正极，左下角的 20 引脚接电源负极，面包板上搭建的时钟电路如图 1.3 所示。当单片机的 31 引脚（$\overline{EA}$ 端）接 10kΩ上拉电阻时，表示单片机执行的是内部存储器程序。

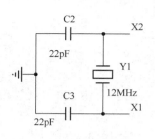

图 1.2　时钟电路原理图

图 1.3　面包板上搭建的时钟电路

 注意： 连接时，晶振离单片机引脚应尽量近，以防连接线分布电容的干扰。

复位电路的搭建

复位电路的作用是让单片机的程序重新执行。在上电、断电或者发生故障后都需要复位。复位电平需要持续两个机器周期以上才有效，具体数值可以由复位的 RC 电路计算出时间常数后确定。AT89S52 单片机使用的晶振振荡频率为 12MHz，每个机器周期为 1μs，因此需要持续 2μs 以上的高电平才能触发复位。

复位电路由上电复位电路和按键复位电路两部分组成。

（1）上电复位电路

AT89 系列单片机都是高电平复位的，通常在复位引脚 RESET 上连接一个电容到 Vcc，再连接一个电阻接地，由此形成一个 RC 充放电回路，保证单片机在上电时 RESET 引脚上有足够长的高电平时间，使得单片机能够正常复位。然后 RESET 引脚回归低电平，单片机进入正常工作状态，利用电容的充电来实现复位，电阻和电容的典型值为 10kΩ 和 10pF。复位电路原理图如图 1.4 所示（注意：R10 是必不可少的，有了 R10 才能组成 RC 电路）。

（2）按键复位电路

按键复位就是在复位电容上并联一个开关，当开关被按下时，电容放电，RESET 引脚被拉到高电平。电容充电时会保持一段时间的高电平，从而使单片机复位。

搭建方法：在单片机的复位引脚 RESET（9 引脚）上外接一个 10kΩ 电阻，电阻的另一端接地；将一个 10pF 的电容接到单片机的 RESET 引脚上，电容的另一端接 Vcc，复位按键也接到 RESET 引脚上，另一端接 Vcc。要特别注意按键的导通性，即电容与按键并联，再与电阻串联的一端接地，并联电路的另一端接 Vcc，三者都接到单片机的 RESET 引脚上，即可实现上电复位。面包板上复位电路的搭建如图 1.5 所示。

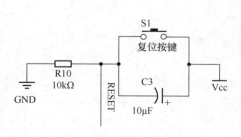

图 1.4　复位电路原理图

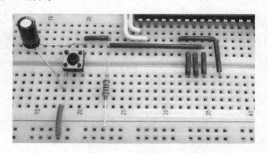

图 1.5　面包板上复位电路的搭建

下载电路的搭建

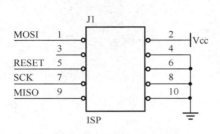

图 1.6　程序下载电路原理图

电子设计产品仅有硬件部分是无法完成所需工作的，需要软件的配合才能实现预想的功能，所以需要将编写好的程序下载到单片机中，这就需要下载电路，其原理图如图 1.6 所示。

下载器插槽后排（以下载器的凸部分为前排，也就是图 1.6 中 J1 右列对应的引脚）的最左边（图 1.6 中的 2 引脚）插槽接至 Vcc。后排的其他 4 个端口从左到右（插槽的凸出部分正对自己）全部接地，下载器的后排端口接线如图 1.7 所示。前排最左边的端口（图 1.6 中 J1 左边的 1 引脚）接单片机 P15 引脚作为第二功能 MOSI 使用，左边第 2 个端口悬空，第 3～5 个端口分别接单片机的 RESET、SCK（P16）、MISO（P17）引脚，作为第二功能引脚使用。此下载方式的接口只适用于 AT 系列单片机程序的下载，不适用于 STC 系列单片机。本书使用的所有下载软件在配套教材《机器人程序设计（C 语言）》（第 2 版）教材的第 1 章中已有详细介绍。面包板上下载电路的搭建如图 1.8 所示。

图 1.7　下载器后排的端口接线

图 1.8　面包板上下载电路的搭建

电源电路的搭建

电源的稳定可靠是系统平稳运行的前提和基础，所以为单片机系统提供稳定的电源供电模块对于一个完整的电子设计来说非常重要。图 1.9 所示为单片机最小系统的电源电路，它接收外部稳定的 6～9V 直流电源，然后转换成稳定的 5V 直流电供给单片机 Vcc。6～9V 电源通过引出的两个插针引脚 J3 给电源电路供电。

拨码开关 S1 的左右拨动起通电和断电的作用。拨码开关有 3 个连接引脚，中间的引脚与单片机电源正极相连，两侧的引脚一个引脚与 LM2904（三端稳压器）的输出 V_{OUT}（正极）相连，另一个引脚悬空。LM2904 能将输入电压稳定在 5V，然后输出。LM2904 有 3 个引脚，中间的引脚接电源的负极，左边的引脚（黑色凸块正对自己，左边引脚为正极，图 1.9 中的 V_{OUT}）接开关 S1 的一端，同时接至一个 1000μF 电容的正极，再接至电源的负极；右边引脚（图 1.9 中的 V_{IN}）接一个 1000μF 电容的正极，再接至电源输入端（SW）的负极。两个 1000μF 的电容起充放电的作用。一个 320Ω 的电阻和一个红色的 LED（发光二极管）作为电源的指示灯，显示电源是否通电，它们串联在一起正端接至 LM2904 的 V_{OUT} 引脚，负端接地。

至此，AT89S52 单片机的最小系统已经基本搭建完成，面包板上搭建的电源电路如图 1.10 所示。在搭建过程中，一定要注意用红色的连接线来连接电源的正极，用黑色的连接线来连接电源的负极，也就是地。与单片机控制端口的连线则采用其他颜色。

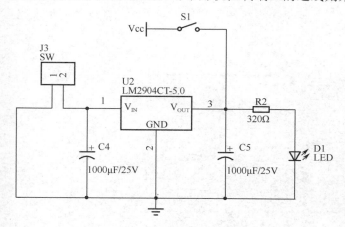

图 1.9 单片机最小系统的电源电路

图 1.10 面包板上搭建的电源电路

下面的任务就是给搭建好的最小系统下载程序，控制机器人运动，从而验证搭建的电路是否正确。

任务 1.2 用搭建的最小系统控制两轮机器人运动

任务 1.1 已将时钟电路、复位电路、下载电路、电源电路和单片机综合起来构成的单片机最小系统搭建在面包板上。为了控制两个电机，还需要在最小系统上增加两个 3Pin 插针，并将 3Pin 插针根据所控制的机器人伺服电机的接口定义与单片机和相应电源引脚连接。现在将面包板安置到小车上，并连接小车两个轮子的控制线，左轮伺服电机的控制线（白线）接到单片机的 P10 引脚上，右轮伺服电机的控制线（白线）接到单片机的 P11 引脚上，两轮机器人伺服电机控制线的连接如图 1.11 所示。机器人伺服电机的连接电路如图 1.12 所示。根据这个接线图按照下面的步骤完成电机控制电路的搭建。

图 1.11 两轮机器人伺服电机控制线的连接

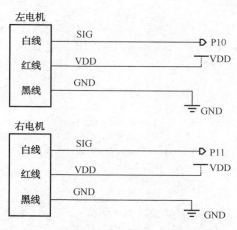

图 1.12 机器人伺服电机的连接电路

将两个电机的 **3Pin** 引脚插针分别插到面包板的左右两边。左电机中间红线端用红色导线接电源正极，左电机黑线端用黑色导线接地，左电机白线端用白色导线接单片机 P10 引脚。同理，右电机中间红线端用红色导线接电源正极，右电机黑线端用黑色导线接地，右电机白线端用白色导线接单片机 P11 引脚。单片机最小系统控制两轮机器人运动搭建的完整电路可以参考图 1.13。

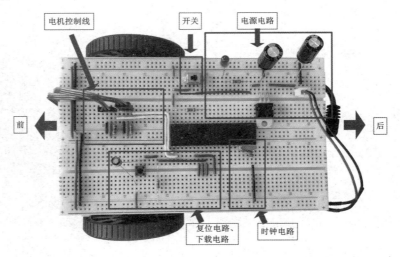

图 1.13　单片机最小系统控制两轮机器人运动搭建的完整电路

最后，将一个装满 4 节 5 号电池的电池盒安装到面包板的空余位置，并将电源接入最小系统电路。

注意：由于这里无法区分插针引脚的正极和负极，因此一定要注意正负极正确对接，即红色对红色，黑色对黑色，否则会立即损坏电源。

在搭建电路的过程中要厘清思路，明白工作原理，学会分析电路，学会解决问题，多动手，勤动脑，要有钻研精神，这是成为一名优秀的软硬件工程师所必需的基本素质。

编写单片机最小系统控制两轮机器人运动的程序

单片机应用系统由硬件系统和软件系统两大部分组成，硬件系统是单片机应用系统的基础，软件系统则在硬件系统的基础上对其资源进行合理有效地调配和使用，两者需要共存才能实现控制功能。下面是用 C 语言编写的控制机器人运动的程序的一个简单实例。

```
#include <reg52.h>                      //包含 52 系列单片机头文件
#include<BoeBot.h>                       //包含延时函数的头文件
#define uchar unsigned char
/*宏定义，这里用"uchar"代替"unsigned char"，"uchar"用来定义无符号字符型数*/
#define uint unsigned int                //定义无符号整型 uint
sbit j1 = P1^0;                          //位定义左轮控制端口，方便使用
sbit j2 = P1^1;                          //位定义右轮控制端口

void forward(void)                       //前进子函数
{
    uint i;
```

```
    for(i=1;i<=130;i++)              //循环 130 个脉冲，向前运行 3s
    {
        j1 = 1;                      //设置 P0 输出高电平
        delay_nus(1700);             //延时 1.7ms
        j1 = 0;                      //设置 P0 输出低电平

        j2 = 1;                      //设置 P1 输出高电平
        delay_nus(1300);             //延时 1.3ms
        j2 = 0;                      //设置 P1 输出低电平
        delay_nms(20);               //延时 20ms
    }
}

void left(void)                      //左转 90°
{
    uint i;
    for( i=1;i<=30;i++)              //循环 30 个脉冲
    {
        j1 = 1;                      //设置 P0 输出高电平
        delay_nus(1300);             //延时 1.3ms
        j1 = 0;                      //设置 P0 输出低电平

        j2 = 1;                      //设置 P1 输出高电平
        delay_nus(1300);             //延时 1.3ms
        j2 = 0;                      //设置 P1 输出低电平
        delay_nms(20);               //延时 20ms
    }
}

void right(void)                     //右转 90°
{
    uint i;
    for(i=1;i<=30;i++)               //循环 30 个脉冲
    {
        j1 = 1;                      //设置 P0 输出高电平
        delay_nus(1700);             //延时 1.7ms
        j1 = 0;                      //设置 P0 输出低电平

        j2 = 1;                      //设置 P1 输出高电平
        delay_nus(1700);             //延时 1.7ms
        j2 = 0;                      //设置 P1 输出低电平
        delay_nms(20);               //延时 20ms
    }
}

void backward(void)                  //后退子函数
{
    uint i;
    for(i=1;i<=65;i++)               //循环 65 个脉冲，后退 1.5s
    {
        j1 = 1;                      //设置 P0 输出高电平
        delay_nus(1300);             //延时 1.3ms
        j1 = 0;                      //设置 P0 输出低电平

        j2 = 1;                      //设置 P1 输出高电平
```

```
            delay_nus(1700);                    //延时 1.7ms
            j2 = 0;                              //设置 P1 输出低电平
            delay_nms(20);                       //延时 20ms
          }
       }

    void main()                                 //主函数
    {
        int address = 0;                         //定义一个整型变量
        char Navigation[10]={'F','B','L','F','R','F','Q'};   /*定义一个 Navigation 字符型的数组，其中 F 表示
前进，L 表示左转，R 表示右转，B 表示后退，Q 表示程序结束。*/
        while(Navigation[address]!='Q')
        //当 Navigation 字符型数组的变量不为 Q 时，执行循环
        {
            switch(Navigation[address])          //Navigation 字符型数组的开关判断
            {
            case 'F':forward();break;            //向前
            case 'L':left();break;               //左转
            case 'R':right();break;              //右转
            case 'B':backward();break;           //后退
            }
            address++;                           //循环行走
        }
        while(1);
    }
```

有关 C 语言程序的编写在《机器人程序设计（C 语言）》（第 2 版）教材中已经介绍过，这里不再赘述。

试一试

修改程序，让自己亲手搭建好的机器人"听从"指挥，使其加速、匀速、减速运动，也可以让机器人按照规划好的场地运动到达目的地。

当然，还可以进一步搭建更多的电路，将《机器人程序设计（C 语言）》（第 2 版）教材中的一些案例完成，更深刻地体验单片机电路设计的原理和思想。

扩 展 阅 读

单片机的内部结构

一个基本的 MCS-51 子系列单片机通常包括中央处理器（CPU）、程序存储器（ROM）、数据存储器（RAM）、特殊功能寄存器、定时/计数器、串行口、4 个 I/O 端口和中断系统，各部分由内部总线连接起来，从而实现数据通信。本书主要以应用最为广泛的 Atmel 公司的 89 系列单片机 AT89S52 为研究对象进行研究和使用，其内部基本组成框图如图 1.14 所示。

① 中央处理器（CPU）。CPU 主要由运算器和控制器组成，是单片机的控制核心。其中，运算器包括 8 位算术逻辑单元（ALU）、8 位累加器（ACC）、8 位暂存器、寄存器 B 和程序状态寄存器（PSW）等，用于完成运算功能。控制器包括程序计数器（PC）、指令寄存器（IR）、指令译码器（ID）和控制电路等，用于完成控制功能。

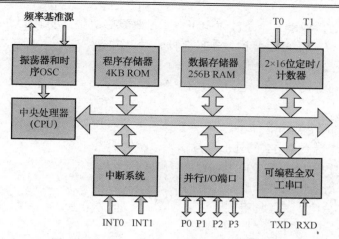

图 1.14　AT89S52 单片机的内部基本组成框图

② 时钟电路（振荡器和时序 OSC）。单片机内部有时钟电路，要实现振荡器和时序功能需外接石英晶体和微调电容，产生时钟脉冲序列，通常振荡频率选择 6MHz、12MHz 或 11.0592MHz。

③ 数据存储器（RAM）。数据存储器（RAM）共 256 个存储单元，通常使用低 128 个单元，用于存放可读写数据，高 128 个单元被专用寄存器占用。

④ 程序存储器（ROM）。程序存储器指 EPROM 或 8KB 掩膜 ROM，用于存放程序、原始数据和表格，只能读，不能写，掉电后数据不会丢失。下载的程序存储在 ROM 中。

⑤ 2×16 位定时/计数器。定时/计数器包含两个 16 位的定时/计数器，可实现定时或计数功能。

⑥ 中断系统。中断系统包含 8 个中断源、1 个 6 向量两级中断结构。

⑦ 并行 I/O 端口。并行 I/O 端口有 4 个 8 位双向 I/O 端口（P0、P1、P2、P3），每条 I/O 线能独立地用于输入或输出。P0 端口为三态双向端口，能带 8 个 LSTTL 电路。P1、P2、P3 端口为准双向端口（在用于输入线时，端口锁存器必须先写入"1"，故称准双向端口），负载能力为 4 个 LSTTL 电路。

⑧ 可编程全双工串口。全双工串口可实现单片机与其他设备之间的串行数据通信。

AT89S52 单片机的引脚功能

PDIP40 封装的 AT89S52 单片机引脚排列如图 1.15 所示，以芯片凹槽记号对应的引脚为 1 引脚，然后逆时针排列依次为 2～40 引脚。

（1）电源

① V_{CC}：芯片电源端，一般为+5V。

② V_{SS}：接地端。

（2）I/O 端口

① P0 端口：一个 8 位漏极开路的双向 I/O 端口。

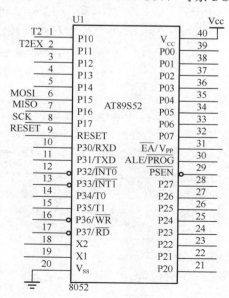

图 1.15　AT89S52 单片机引脚排列（PDIP40 封装）

作为输出端口，每位能驱动 8 个 TTL 逻辑电平，1 表示高电平。P0 端口在不具有内部上拉电阻时，被作为低 8 位地址/数据复用。在程序校验时，需要外部上拉电阻。在 Flash 编程时，P0 端口用来接收指令字节；在程序校验时，输出指令字节。

② P1 端口：一个具有内部上拉电阻的 8 位双向 I/O 端口，输出缓冲器能驱动 4 个 TTL 逻辑电平。

P1 端口各引脚的功能如下。

P10—T2：定时/计数器 T2 的外部计数输入，时钟输出。

P11—T2EX：定时/计数器 T2 的捕捉/重载触发信号和方向控制。

P15—MOSI：在系统编程时用。

P16—MISO：在系统编程时用。

P17—SCK：在系统编程时用。

③ P2 端口：一个具有内部上拉电阻的 8 位双向 I/O 端口，在对 P2 端口写 "1" 时，内部上拉电阻把端口的电位拉高，此时可以作为输入端口使用。在访问外部程序存储器或用 16 位地址读取外部数据存储器时，P2 端口输出高 8 位地址。

④ P3 端口：一个具有内部上拉电阻的 8 位双向 I/O 端口，P3 输出缓冲器能驱动 4 个 TTL 逻辑电平。P3 端口也作为 AT89S52 特殊功能（第二功能）使用。在 Flash 编程和校验时，P3 端口也接收一些控制信号。

P3 端口各引脚的功能如下。

P30—RXD：串行数据输入端口。

P31—TXD：串行数据输出端口。

P32—$\overline{\text{INT0}}$：外中断 0 申请。

P33—$\overline{\text{INT1}}$：外中断 1 申请。

P34—T0：定时/计数器 0 的外部输入。

P35—T1：定时/计数器 1 的外部输入。

P36—$\overline{\text{WR}}$：外部数据存储器 RAM 或外部 I/O 端口写选通。

P37—$\overline{\text{RD}}$：外部数据存储器 RAM 或外部 I/O 端口读选通。

此外，P3 端口还接收一些用于 Flash 闪存编程和程序校验的控制信号。

（3）控制线

① ALE/$\overline{\text{PROG}}$：地址锁存允许信号。当访问外部程序存储器或数据存储器时，ALE 输出脉冲用于锁存地址的低 8 位字节。在一般情况下，由于 ALE 以时钟振荡频率的 1/6 输出固定的正脉冲信号，因此可以作为对外输出时钟或用于定时。

② $\overline{\text{PSEN}}$：程序存储允许，即外部程序存储器的读选通信号。当 AT89S52 由外部程序存储器取指令时，每个机器周期输出两个脉冲，在此期间，当访问外部数据存储器时，将跳过两次 PSEN 信号。注意：信号字母上标有横线的表示低电平有效。

③ RESET：复位输入。在振荡工作时，当 RESET 引脚出现两个机器周期以上的高电平时，将使单片机复位。

④ $\overline{\text{EA}}/V_{\text{PP}}$：外部访问允许。当 EA 端为低电平时，CPU 仅访问外部程序存储器（地址为 0000H—FFFFH）；当 EA 端为高电平时，CPU 执行内部程序存储器的指令。注意：如果加密位 LB1 被编程，在复位时内部会锁存 EA 端状态。

（4）时钟

① X1：振荡器反相放大器和内部时钟发生电路的输入端口。

② X2：振荡器反相放大器的输出端口。

工程素质和技能归纳

① 单片机最小系统的概念和原理图的识别。

② 根据最小系统原理图在面包板上搭建最小系统电路。

③ 给最小系统电路下载测试程序，验证系统的各部分是否工作正常。

④ 总结并归纳单片机的内部结构和各引脚的功能。

科学精神的培养

① 用面包板搭建单片机最小系统是进行单片机系统开发的基本步骤，在通过面包板搭建最小系统验证了电路的正确性和有效性后，就可以着手学习如何将最小系统电路设计成 PCB，以及将相应元器件和芯片焊接或者贴装到 PCB 上做成产品。对于一个需要经常更改程序的产品来说，需要给这个产品留一个专门的下载端口，而对于一个确定的产品功能来说，并不需要给产品预留程序下载端口。思考一下，这时该怎么做呢？

② 希望学习 PCB 制作的读者可以找一个电路设计软件，如 Protel 等，将本章验证过的最小系统电路制成 PCB，然后将其芯片和元器件焊接成为一个最小系统板。不过在设计 PCB 之前，还需要进一步规划做这个板的用途，以预留出所需要的控制端口，否则做出来的东西可能并没有什么真正的价值。所以，没有必要急着去做 PCB，应该在学习更多的单片机功能后，再根据自己的需要去设计产品。

第 2 章 单片机并行 I/O 端口应用
——机器人信息显示

本章将学习单片机并行 I/O 端口（即 8 个 I/O 端口一起）的操作方法及编程控制。

为了让大家对单片机并行 I/O 端口的工作原理有一个感性的认识，以及对单片机并行 I/O 端口的操作方法和功能有所掌握，本章首先用单片机并行 I/O 端口控制 8 个 LED，并通过编程实现流水灯效果，再将其扩展应用到 LED 数码管和液晶显示模块的显示控制中，用于机器人的信息显示。

任务 2.1 控制 8 个 LED 闪烁

本任务要求通过教学板上的 AT89S52 单片机来控制 8 个 LED 闪烁，进而熟悉单片机并行 I/O 端口的使用及编程方法。

本任务所需的元件包括：8 个 LED、8 个 1kΩ 电阻和若干导线。

在单片机的 P2 端口上分别接 8 个 LED，编写 C 语言源程序，并在编译后下载到单片机中，即可实现控制 8 个 LED 闪烁的效果。

电路设计和搭建

AT89S52 单片机控制 8 个 LED 闪烁的电路原理图如图 2.1 所示。

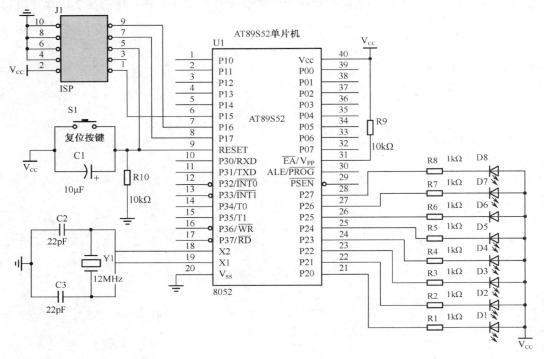

图 2.1 AT89S52 单片机控制 8 个 LED 闪烁的电路原理图

8 个 LED 的正极直接与+5V 电源连接，负极则分别接 8 个 1kΩ电阻，然后连接到单片机 P2 的 8 个端口上。电路中的电阻有两个作用：一是限流，二是接到 LED 的负极以增加单片机端口的输出电流，提高负载能力。当 P2 端口被拉低为低电平，即输出为 0 时，8 个 LED 同时发光；反之，当 P2 端口被拉高为高电平，即输出为"1"时，8 个 LED 同时不亮。

注意：本任务不用 P1 端口的原因是下载端口与 P15、P16、P17 引脚相连，已在第 1 章搭建单片机最小系统时用过了。如果使用 P1 端口控制 LED，那么在搭建电路后将出现可执行文件无法载入单片机的现象。为避免这种现象的发生，在下载可执行文件时，P15、P16、P17 引脚不能连接任何电路，这样可执行文件才能正常下载。

搭建时，将 8 个 LED 并排插在面包板上，搭建后的实物图如图 2.2 所示。

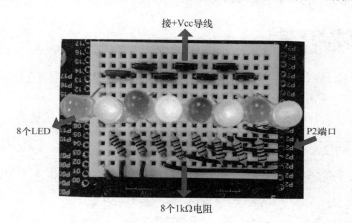

图 2.2　8 个 LED 闪烁控制电路的搭建实物图

控制 8 个 LED 闪烁的源程序

```
//控制 8 个 LED 闪烁的源程序
#include <reg52.h>                //包含 52 单片机头文件，即定义特殊功能寄存器
void delay(unsigned char i);      //延时函数的声明
void main( )                      //主函数
{
    while(1)                      //大循环
    {
        P2=0x00;                  //将 P2 端口的 8 个引脚清零，点亮 8 个 LED
        delay(200);               //延时
        P2=0xff;                  //将 P2 端口的 8 个引脚置 1，熄灭 8 个 LED
        delay(200);               //延时
    }
}

void   delay(unsigned char i)     //延时函数，无符号字符型变量 i 为形式参数
{                                 // i 控制空循环的外循环次数，共循环 i×255 次
    unsigned char j,k;            //定义无符号字符型变量 j 和 k
    for(k=0;k<i;k++)              //双重 for 循环语句实现软件延时
        for(j=0;j<255;j++);
}
```

将编译好的程序下载到单片机，观察执行效果，可以通过改变延时函数的数据来改变亮

灭间隔时间。

十六进制数 0x00 转化成二进制数为 00000000，P2=0x00 表示将 00000000 的值赋给 P2 端口的 8 个连接 LED 的引脚，P2 端口的 8 个引脚被清零，即为低电平，就点亮了 8 个 LED。

十六进制数 0xff 转化成二进制数为 11111111，P2=0xff 表示将 11111111 的值赋给 P2 端口，P2 端口的 8 个引脚被置 1，即为高电平，就熄灭了 8 个 LED。

 试一试

修改程序实现下面的灯光效果。

① 偶数灯先闪烁 4 次，奇数灯再闪烁 4 次，循环不止。

② 用 8 个 LED 构建自己想要的模型，然后点亮。

任务 2.2　流水灯控制

为了进一步加深对点亮 LED 原理的掌握，本任务从选择性地点亮 LED 过渡到 LED 的流水显示，进而巩固所学知识，提升程序设计能力。

可以利用任务 2.1 中搭建的电路，重新编写程序实现流水灯的效果。

流水灯的源程序

```
//功能：控制接在 P2 端口的 8 个 LED 从左到右循环依次亮灭，产生"走马灯"，即从左到右的流
水灯的效果
    #include<reg52.h>                //52 系列单片机头文件
    #include<intrins.h>              //包含循环移位函数的头文件
    #define uchar unsigned char      //宏定义，方便使用，定义无符号字符型
    #define uint unsigned int        //定义无符号整型
    void delayms(uint x)             //延时函数
    {
        uchar i;
        while(x--)
        {
            for(i=0;i<120;i++);
        }
    }

    void main()                      //主函数
    {
        P2=0xfe;                     //赋初值 11111110
        delayms(150);                //延时
        while(1)                     //大循环
        {
            P2=_crol_(P2,1);         //P2 的值向左循环移动 1 位
            delayms(150);            //延时
        }
    }
```

主函数在开始时首先执行 P2=0xfe 的赋初值操作，表示 8 个 LED 的初始状态是连接 P20 引脚的 LED 亮，其他 7 个 LED 灭，再执行 delayms(150)函数，延时 150ms。然后进入大循环，在大循环内执行"P2=_crol_(P2,1)"语句，将 P2 中存储的二进制数循环左移 1 位，即由 11111110 变成 11111101，结果就是被点亮的 LED 移动一位（向左还是向右要根据 LED 接线方式而定）。

然后执行 delayms(150)函数，延时 150ms。P2 循环向左移动实际上是并行端口 P2 对应的寄存器向高位移动，最左的第 8 位补充到最右的第 1 位，这样 P2 中的二进制数就形成循环移动。在大循环内不断执行"P2=_crol_(P2,1)"和"delayms(150)"语句，表示被点亮的 LED 不断地被移位，因此就可以看到 LED 被流动点亮的现象。

改变主函数中的移位算法，可以让 8 个 LED 出现不同的滚动效果。如下面的程序能让 8 个 LED 左右来回被点亮，形成来回滚动的效果。

```
//功能：8 个 LED 左右来回被点亮，程序利用循环移位函数_crol_()和_cror_()形成来回滚动的效果
void main()                          //主函数
{
    uchar i;
    P2=0x01;
    while(1)
    {
        for(i=0;i<7;i++)
        {
            P2=_crol_(P2,1);         //P2 的值向左循环移动
            delayms(150);
        }
        for(i=0;i<7;i++)
        {
            P2=_cror_(P2,1);         //P2 的值向右循环移动
            delayms(150);
        }
    }
}
```

试一试

花样流水灯：8 个 LED 按预设的多种花样变换显示。可以循环移动两位间隔点亮 LED，也可以让 8 个 LED 先依次亮再依次灭。

LED 模拟交通灯：东西方向绿灯亮若干秒，黄灯闪烁 5 次后红灯亮，红灯亮后，南北方向由红灯变为绿灯，若干秒后南北方向黄灯闪烁 5 次后变为红灯，东西方向变绿灯，如此重复。完成 LED 模拟交通灯需要用到三种颜色的 LED，这很容易从电子市场买到。另外，最好在面包板上将 LED 重新布局并搭建电路，让交通灯看起来更贴近真实的效果。

任务 2.3　数码管显示

本任务介绍用 AT89S52 单片机并行 I/O 端口控制 LED 数码管显示数字和字母的方法，了解和掌握 LED 数码管的编程控制技术。

利用单片机的并行 I/O 端口控制 1 个 1 位八段共阴数码管显示数字和字符：0、1、2、3、4、5、6、7、8、9、A、B、C、D、E、F。显示的方式是循环显示 0、1、2、3、4、5、6、7、8、9、A、B、C、D、E、F，每次显示间隔时间为 0.5s。

本任务所需元件的清单包括：1 个 1 位八段共阴数码管、8 个 1kΩ电阻和若干导线。

LED 数码管简介

LED 数码管（LED Segment Displays）是一种半导体发光器件，其基本单元是 LED。LED

图 2.3　八段数码管实物图

数码管通过点亮内部的 LED 来显示数字或字符，所以 LED 数码管显示的清晰度与 LED 的亮度有着密切联系。LED 数码管按段数可分为七段数码管和八段数码管，八段数码管比七段数码管多 1 个小数点 LED 单元。本任务使用的数码管是八段数码管。八段数码管实际上就是把 8 个 LED 封装在一起组成"8"字和 1 个小数点，图 2.3 所示为八段数码管实物图。八段数码管内部引线已在内部连接完成，共引出 8 个引脚和 2 个公共电极。

图 2.4 所示为八段数码管引脚模型，数码管内的 a、b、c、d、e、f、g、Dp 分别与图 2.3 中的"8"字形 LED 及小数点 LED 相对应。a、b、c、d、e、f、g、Dp 引脚和两个 com 引脚是该 LED 数码管引出的 10 个引脚，其中 a、b、c、d、e、f、g、Dp 引脚是控制引脚，两个 com 引脚是 LED 数码管公共端。

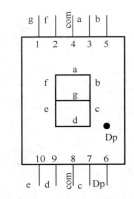

图 2.4　八段数码管引脚模型

根据公共端 com 的性质不同，又可将 LED 数码管分为共阳数码管和共阴数码管两种。

共阳数码管的内部结构如图 2.5 所示。共阳数码管把所有 LED 的阳极连接起来形成阳极公共端 com。共阳数码管在连接电路时，阳极公共端 com 与+5V 相连，a、b、c、d、e、f、g、Dp 引脚先分别与 1kΩ 的电阻连接，再与 AT89S52 单片机的 8 个引脚相连。

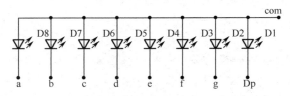

图 2.5　共阳数码管的内部结构

共阴数码管把所有 LED 的阴极连接起来形成阴极公共端 com，共阴数码管的内部结构如图 2.6 所示。共阴数码管在连接电路时，阴极公共端 com 与 GND 端相连，a、b、c、d、e、f、g、Dp 引脚先分别与 AT89S52 单片机的 8 个引脚相连，再分别接一个 1kΩ 的上拉电阻。

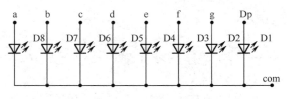

图 2.6　共阴数码管的内部结构

利用万用表可以区分 LED 数码管是共阴数码管还是共阳数码管。找到 LED 数码管的两个公共端 com，两端的中间引脚就是 LED 数码管的公共端。先将万用表拨到通断挡，再将黑表笔与公共端 com 相连，红表笔与 a、b、c、d、e、f、g、Dp 引脚中的任一引脚相连，若发现数码管内有一个 LED 被点亮，则所测的数码管是共阴数码管。若发现数码管内没有 LED 被点亮，则改变检测方式。用红表笔与公共端 com 相连，黑表笔与 a、b、c、d、e、f、g、Dp 引脚中的任一引脚相连，若发现数码管内有一个 LED 被点亮，则所测数码管是共阳数码管。若两种测试方式都没有点亮 LED，则说明该数码管已不可用。

电路设计和搭建

共阴数码管与 AT89S52 单片机的电路连接如图 2.7 所示。数码管的阴极公共端 com 与 AT89S52 教学板的 GND 端连接，数码管的 a、b、c、d、e、f、g、Dp 引脚分别与 AT89S52 教学板的 P20、P21、P22、P23、P24、P25、P26、P27 引脚相连，同时再分别接一个 1kΩ 的上拉电阻。八段数码管显示电路连接效果图如图 2.8 所示。

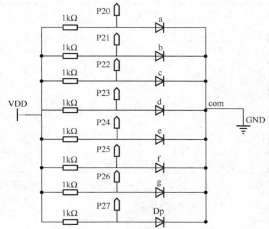

图 2.7　共阴数码管与 AT89S52 单片机的电路连接　　图 2.8　八段数码管显示电路连接效果图

共阴数码管显示的源程序

```
#include<reg52.h>
#include <intrins.h>
#define uchar unsigned char
#define uint unsigned int

uchar code table[]={0x3f,0x06,0x5b,0x4f,0x66,0x6d,0x7d,0x07,
    0x7f,0x6f,0x77,0x7c,0x39,0x5e,0x79,0x71};        //数码管显示编码

void delayms (uint xms);                            //延时函数
main()
{
   uint t;
   P2=0xff;
   while(1)
   {
      for(t=0;t<16;t++)                             //循环显示数字和字母
      {
          P2=table[t];                              //显示数字或字母
          delayms(500);                             //延时 0.5s
      }
   }
}
void delayms(uint xms)                              //延时函数
{
       uint i,j;
```

```
        for(i=xms;i>0;i--)
            for(j=110;j>0;j--) ;
    }
```

共阴数码管显示 0、1、2、3、4、5、6、7、8、9、A、B、C、D、E、F 的显示编码为：

```
uchar code table[]={0x3f,0x06,0x5b,0x4f,0x66,0x6d,0x7d,0x07, 0x7f,0x6f,
        0x77,0x7c,0x39,0x5e,0x79,0x71};
```

表 2.1 给出了共阴数码管的显示编码。

表 2.1　共阴数码管的显示编码

显 示 字 符	（Dp）gfedcba	十六进制数	显 示 字 符	（Dp）gfedcba	十六进制数
0	00111111	0x3f	2	01011011	0x5b
1	00000110	0x06	3	01001111	0x4f
4	01100110	0x66	A	01110111	0x77
5	01101101	0x6d	B	01111100	0x7c
6	01111101	0x7d	C	00111001	0x39
7	00000111	0x07	D	01011110	0x5e
8	01111111	0x7f	E	01111001	0x79
9	01100111	0x6f	F	01110001	0x71

共阳数码管显示 0、1、2、3、4、5、6、7、8、9、A、B、C、D、E、F 的显示编码为：

```
uchar code table[]={0xc0,0xf9,0xa4,0xb0,0x99,0x92,0x82,0xf8,0x80,0x90,
        0x88, 0x83,0xc6,0xa1,0x86,0x8e};
```

表 2.2 给出了共阳数码管的显示编码。

表 2.2　共阳数码管的显示编码

显 示 字 符	（Dp）gfedcba	十六进制数	显 示 字 符	（Dp）gfedcba	十六进制数
0	11000000	0xc0	8	10000000	0x80
1	11111001	0xf9	9	10010000	0x90
2	10100100	0xa4	A	10001000	0x88
3	10110000	0xb0	B	10000011	0x83
4	10011001	0x99	C	11000110	0xc6
5	10010010	0x92	D	10100001	0xa1
6	10000010	0x82	E	10000110	0x86
7	11111000	0xf8	F	10001110	0x8e

该你了

用一个共阳数码管正确连接电路，实现以上功能。

根据 LED 数码管的显示原理，用两个数码管显示 1min 的倒计时时间。

任务 2.4　字符型液晶显示（LED）模块和广告机器人的制作

本任务的目的是使读者掌握 LCD1602 模块的显示原理及编程方法。将 LCD1602 模块接至教学板，编写程序使其显示两行字符。

本任务所需元器件包括：1 块 LCD1602，两排 10pin 等长排针，铜柱、螺母、螺钉若干。

字符型 LCD1602 模块简介

在智能电子产品中，LED 数码管只能用来显示数字或者少量的字母，当需要显示全部英文字母、图像或汉字时，必须选择使用 LCD。字符型 LCD 模块是用于显示字母、数字、符号等的点阵型 LCD 模块，目前常用的有 16 字×1 行、16 字×2 行、20 字×2 行和 40 字×2 行等字符模组。每个显示的字符由 5×7 或 5×11 点阵组成，点阵字符位之间有一个空格，点阵的间隔起到字符间距和行距的作用。字符型点阵式 LCD 模块（Liquid Crystal Display Module），简称 LCM。LCM 虽然显示的字数各不相同，但是都具有相同的输入、输出界面，其在现实生活中无处不在，已经广泛地应用于各个领域。

本任务以 16 字×2 行（简称 16×2）字符模组、每个字符由 5×7 点阵组成的 LCD 模块为例，详细介绍字符型 LCD 模块的编程技术。通过介绍并实践实际的 LCD 模块控制程序，使读者掌握字符型 LCD 模块的程序设计方法，使 LCD 听从指挥显示出各种字符和信息，为产品设计增色添辉。

LCD1602 模块是显示 16×2 字符模组的字符型 LCD 模块，即可以显示两行，每行有 16 个字符或数字。LCD1602 模块共 16 个引脚，有 8 个数据引脚（D0～D7）和 3 个控制引脚。8 个数据引脚与 AT89S52 相连，用于接收指令和数据。AT89S52 主要通过 RS（数据命令选择端）、R/W（读/写选择端）和 E（使能信号端）这 3 个控制引脚对 LCD 模块进行初始化、写命令、写数据、从而控制 LCD 模块。以下是这 3 个控制引脚的功能描述。

① RS 用于寄存器选择，高电平时选择数据寄存器，低电平时选择指令寄存器。

② R/W 用于读/写选择，高电平时进行读操作，低电平时进行写操作。

③ E 为使能信号端，实现 LCD 模块与 AT89S52 的数据交互。

D0～D7 为 8 位双向数据线。LCD 模块的基本操作功能与控制引脚设置如下。

① 读状态。LCD 模块输入：RS=0，R/W=1，E=1；LCD 模块输出：D0～D7=状态字。

② 写指令。LCD 模块输入：RS=0，R/W=0，E=0，D0～D7=指令码；LCD 模块输出：无。

③ 读数据。LCD 模块输入：RS=1，R/W=1，E=1；LCD 模块输出：D0～D7=数据。

④ 写数据。LCD 模块输入：RS=1，R/W=0，E=0，D0～D7=数据；LCD 模块输出：无。

LCD 模块初始化指令的设置说明见表 2.3。

表 2.3　LCD 模块初始化指令的设置说明

指　令　码								功　能
0	0	1	1	1	0	0	0	16×2 显示，5×7 点阵，8 位数据端口
0	0	1	0	1	0	0	0	16×2 显示，5×7 点阵，4 位数据端口
0	0	0	0	1	D	C	B	D=1，开显示；D=0，关显示 C=1，显示光标；C=0，不显示光标 B=1，光标闪烁；B=0，光标不闪烁
0	0	0	0	0	1	N	S	N=1，当读/写一个字符后地址指针加 1，且光标加 1 N=0，当读/写一个字符后地址指针减 1，且光标减 1 S=1，当写一个字符后，整屏显示左移（N=1）或右移（N=0），以得到光标不移动而屏幕移动的效果 S=0，当写一个字符后，整屏显示不移动

LCD1602 模块内部显示地址如图 2.9 所示。

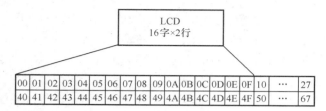

LCD																		
16字×2行																		
00	01	02	03	04	05	06	07	08	09	0A	0B	0C	0D	0E	0F	10	…	27
40	41	42	43	44	45	46	47	48	49	4A	4B	4C	4D	4E	4F	50	…	67

图 2.9　LCD1602 模块内部显示地址

在 LCD1602 模块内部 RAM 显示缓冲区地址中，00～0F 表示 LCD1602 模块的上一行的每个字符，40～4F 对应 LCD1602 模块的下一行的每个字符，需要在相应的 RAM 地址中写入要显示字符的 ASCII 代码才能显示。

电路设计和搭建

将两排 10pin 等长排针插到 AT89S52 教学板的 JP2 接口上，并在另一端安装好铜柱、螺母和螺钉。此 LCD1602 模块是大湾教育自制的产品，接口方式与安装位置完全匹配鸥鹏机器人系列，在使用过程中仅需对位安装即可，LCD1602 模块与安装示意图如图 2.10 所示。

此任务中的 LCD1602 模块用 5V 电压驱动，屏幕可显示两行（每行 16 个字符），不能显示汉字，带背光，内置含 128 个字符的 ASCII 字符集字库和并行接口。

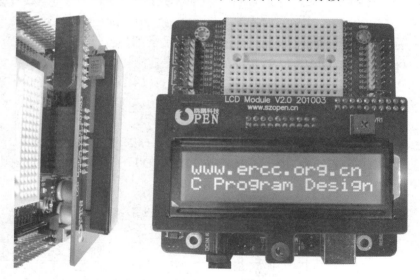

图 2.10　LCD1602 模块与安装示意图

LCD1602 模块的源程序

```
#include <at89x52.h>              //包含 52 系列单片机头文件
#include <BoeBot.h>               //包含延时函数头文件
#define LCM_RW    P2_1            //P21 接 LCD1602 模块的 R/W 引脚
#define LCM_RS    P2_2            //P22 接 LCD1602 模块的 RS 引脚
#define LCM_E     P2_0            //P20 接 LCD1602 模块的使能信号 E 引脚
#define LCM_Data  P0              //P0 端口接 LCD1602 模块的 8 个数据引脚
```

```c
#define Busy        0x80                        //用于检测 LCM 状态字中的 Busy（忙）标识

void Write_Data_LCM(unsigned char WDLCM);                   //声明写数据的子函数
void Write_Command_LCM(unsigned char WCLCM,BuysC);  //声明写命令的子函数
void Read_Status_LCM(void);                                 //声明读状态的子函数
void LCM_Init(void);                                        //声明初始化 LCM 的子函数
void Set_xy_LCM(unsigned char x, unsigned char y);          //设定显示坐标位置的子函数
void Display_List_Char(unsigned char x, unsigned char y, unsigned char *s);
                                            //声明按指定位置显示一串字符的子函数
void main(void)                                 //主函数
{
    LCM_Init();                                 //LCM 初始化
    delay_nms(5);                               //延时片刻（可不要）
    while(1)
    {
        Display_List_Char(0, 0, "www.ercc.org.cn");         //定义第一行显示的字符串数组
        Display_List_Char(1, 0, "C Program Design");        //定义第二行显示的字符串数组
    }
}
void Read_Status_LCM(void)                      //忙检测子函数
{
    unsigned char read=0;
    LCM_RW = 1;                 //R/W=1，RS=0，E=1，为读状态操作时序的设置
    LCM_RS = 0;
    LCM_E = 1;
    LCM_Data = 0xff;            //这里与 LCD 模块的 D0～D7 相连的 I/O 端口为 P0，赋值 11111111
    do
    {
            read = LCM_Data;
    }
        while(read & Busy);     //相当于 while(P0&0x80);即 P0 和 10000000 相与
                                //D7 位若不为 0，则停在此处
    LCM_E = 0;                  //若为 0，则跳出进入下一步；这条语句的作用就是检测 D7 位
}                               //若忙，则在此等待，若不忙，则跳出读忙子程序执行读写指令

void Write_Data_LCM(unsigned char WDLCM)        //对 LCD1602 模块写数据的子函数
{
    Read_Status_LCM();                          //检测忙信号
    LCM_RS = 1;
    LCM_RW = 0;
    LCM_Data &= 0x0f;
    LCM_Data |= WDLCM&0xf0;                      //传输高 4 位
    LCM_E = 1;                                   //若晶振频率太高，则可以在这后面加延时
    LCM_E = 1;                                   //延时
    LCM_E = 0;
    WDLCM = WDLCM<<4;                            //传输低 4 位
    LCM_Data &= 0x0f;
    LCM_Data |= WDLCM&0xf0;
```

```
        LCM_E = 1;
        LCM_E = 1;                                  //延时
        LCM_E = 0;
}
void Write_Command_LCM(unsigned char WCLCM,BuysC)
//对 LCD1602 模块写指令
//当 BuysC 为 0 时忽略忙检测
{
    if (BuysC)
        Read_Status_LCM();                          //根据需要检测忙信号
    LCM_RS = 0;
    LCM_RW = 0;
    LCM_Data &= 0x0f;
    LCM_Data |= WCLCM&0xf0;                          //传输高 4 位
    LCM_E = 1;
    LCM_E = 1;
    LCM_E = 0;
    WCLCM = WCLCM<<4;                                //传输低 4 位
    LCM_Data &= 0x0f;
    LCM_Data |= WCLCM&0xf0;
    LCM_E = 1;
    LCM_E = 1;
    LCM_E = 0;
}

void LCM_Init(void)                                 //对 LCM 进行初始化
{
    LCM_Data = 0;
    Write_Command_LCM(0x28,0);                      //三次显示模式设置，不检测忙信号
    delay_nms(15);
    Write_Command_LCM(0x28,0);
    delay_nms(15);
    Write_Command_LCM(0x28,0);
    delay_nms(15);
    Write_Command_LCM(0x28,1);                      //显示模式设置，开始要求每次检测忙信号
    Write_Command_LCM(0x08,1);                      //关闭显示
    Write_Command_LCM(0x01,1);                      //显示清屏，即显示清零，数据指针清零
    Write_Command_LCM(0x06,1);                      //光标移动设置，写一个字符后地址指针加 1
    Write_Command_LCM(0x0c,1);                      //设置开显示，不显示光标
}
void Set_xy_LCM(unsigned char x, unsigned char y)   //设定显示坐标位置
{                        //y=0,1（起始行），x=0～15（起始列）
    unsigned char address;
    if( x == 0 )                                    //是否显示在第一行
        address = 0x80+y;                           //第一行起始地址加上列数为字符显示地址
    else
        address = 0xc0+y;                           //否则，第二行起始地址加上列数为字符显示地址
    Write_Command_LCM(address,1);                   //写入数据
```

```
}
void Display_List_Char(unsigned char x, unsigned char y, unsigned char *s)
                            //按指定位置显示一串字符，*s 为想写字符的 ASCII 码
{
    Set_xy_LCM(x,y);
    while(*s)               //LCD 模块显示到字符串最后一个字符，遇到空字符就停止
    {
        LCM_Data = *s;
        Write_Data_LCM(*s);
        s++;                //逐位显示数组内字符
    }
}
```

（1）LCD1602 模块初始化指令

LCD1602 模块常用的初始化指令如下。

0x28：设置 16×2 显示，5×7 点阵，4 位数据端口。

0x01：清屏。

0x0f：开显示，显示光标，光标闪烁。

0x08：关闭显示。

0x0e：开显示，显示光标，光标不闪烁。

0x0c：开显示，不显示光标。

0x06：地址加 1，当写入数据时光标右移。

0x02：地址计数器 AC=0，此时地址为 0x80，光标归原点，但是 DDRAM 的中断内容不变。

0x18：光标和显示一起向左移动。

（2）编写程序

可以分为以下 4 步。

第一步：定义 LCD1602 模块的引脚。

第二步：显示初始化。包括：

　　设置显示方式；

　　延时；

　　清理显示缓存；

　　设置显示模式；

　　延时 5ms；

　　写指令 0x38（不检测忙信号）；

　　延时 15ms；

　　写指令 0x38（不检测忙信号）；

　　延时 15ms；

　　写指令 0x38（不检测忙信号）；

　　延时 15ms；

　　写指令 0x38；

　　写指令 0x08：关闭显示；

写指令 0x01：显示清屏；

写指令 0x06：光标移动设置；

写指令 0x0c：显示开及光标设置。

第三步：设置显示地址（写显示字符的位置）。

第四步：写显示字符的数据。

静止显示往往缺乏生机，为了更加有吸引力，广告牌的显示一般都是动态的，大多数的屏幕显示也是动态的，若要实现从右向左移动显示，则只需在主函数中做如下相应的修改。

```
void main(void)
{
    LCM_Init();                                  //LCM 初始化
    delay_nms(5);                                //延时片刻（可不要）
    while(1)
    {
        Display_List_Char(0, 0, "www.ercc.org.cn");   //第一行要显示的字符
        Display_List_Char(1, 0, "C Program Design");  //第二行要显示的字符
        delay_nms(100);                          //延时
        for(j=0;j<16;j++)                        //向左移动 16 个字符
        {
            Write_Command_LCM(0x18,1);           //同时左移 1 个字符
            delay_nms(200);                      //控制移动时间
        }
        delay_nms(100);                          //延时
    }
}
```

试一试

结合前面所学的知识，控制机器人运动，并在 LCD1602 模块上用一行显示机器人的运动状态，另一行显示广告的内容。

修改程序让 LCD1602 模块上下两行滚动显示或者左右时隐时现地移动显示。

扩 展 阅 读

LCD1602 模块的引脚功能

1 引脚：VSS 为地电源。

2 引脚：VDD 接 5V 正电源。

3 引脚：V0 为液晶显示器对比度调整端，当接正电源时对比度最弱，当接地电源时对比度最强。当对比度过强时会产生"鬼影"，在使用时可以通过一个 10kΩ 的电位器来调整对比度。

4 引脚：RS 为寄存器选择，当高电平时选择数据寄存器，当低电平时选择指令寄存器。

5 引脚：R/W 为读写信号线，当高电平时进行读操作，当低电平时进行写操作。当 RS 和 R/W 同为低电平时，可以写入指令或者显示地址；当 RS 为低电平而 R/W 为高电平时，可以读忙信号；当 RS 为高电平而 R/W 为低电平时，可以写入数据。

6 引脚：E 端为使能信号端，当 E 端由高电平跳变成低电平时，液晶模块执行命令。

7～14 引脚：D0～D7 为 8 位双向数据线。

15～16 引脚：空脚。

教学板的制作

本章用到的教学板就是单片机最小系统板。自行设计和制作教学板是电子工程师必须具备的基本技能。这里使用 Protel 99 SE 软件简要介绍其 PCB 的设计过程。

首先建立一个 DDB 文件，然后在 DDB 文件中新建电路图设计项目 SCH 文件，绘制电路原理图。将所需的元件放进 SCH 文件中，并设计元件的封装、名称、属性等，再进行有效连线。之后，在 Documents 目录下，新建一个 PCB 文件，添加好封装库，将 SCH 文件导入 PCB 文件中，再合理调整元件位置，可以进行自动布线，也可以手动布线。在完成后，将电路图用热转印纸打印出来，也可在覆铜板上焊接获得。由于软件自带的库元件不完全，因此可以制作自己的 SCH 元件库，自己制作 Protel 99 SE 封装。在应用此类软件时会遇到很多问题，需要花一定的时间学习，可以查阅相关的参考资料。

Protel 软件主要在 Windows XP 系统上使用，在 Windows 7、Windows 8 和 Windows 10 上使用会出现一些问题，Protel 软件的原厂商 Altium 公司已经推出了 Protel 系列的最新高端版本 Altium Designer（简称 AD），现在 Windows XP 系统已停止更新，随着 Windows 7、Windows 8 和 Windows 10 的普及，电子产品开发系统将会越来越多地用到 AD 软件。读者可以尝试去学习 Altium Designer 软件的使用方法，然后将单片机最小系统制成板，控制机器人运动，从中享受学习的乐趣。

工程素质和技能归纳

① AT89S52 单片机并行 I/O 端口设置和流水灯设计编程。

② 8 位 LED 数码管的原理和单片机应用编程。

③ LCD1602 模块的使用设置和显示编程。

④ 用 LCD1602 模块显示机器人运行信息的程序设计。

⑤ AT89S52 单片机的并行 I/O 端口特性总表见表 2.4。

表 2.4　AT89S52 单片机的并行 I/O 端口特性总表

I/O 端口	P0 端口	P1 端口	P2 端口	P3 端口
性质	真正双向口	准双向口	准双向口	准双向口
SFR 字节地址	0x80	0x90	0xa0	0xb0
位地址范围	0x80～0x87	0x90～0x97	0xa0～0xa7	0xb0～0xb7
驱动能力	8 个 TTL 负载	4 个 TTL 负载	4 个 TTL 负载	4 个 TTL 负载
功能	8 位双向 I/O 端口	8 位双向 I/O 端口、第二功能	8 位双向端 I/O 口、第二功能	8 位双向 I/O 端口、第二功能
第二功能	程序存储器、片外数据存储器、低 8 位地址及 8 位数据	T2、T2EX、MOSI、MISO、SCK	程序存储器、片外数据存储器、高 8 位地址	串行口：RXD、TXD，中断：INT0、INT1、T0、T1，片外数据存储器：WR、RD

科学精神的培养

① 单片机的 I/O 端口性质有"真正双向口""准双向口"之分，请查阅资料解释这两者含义的区别。

② 单片机 I/O 端口的驱动能力用 TTL 负载来衡量，查询资料了解 TTL 负载的含义。除 TTL 负载外，还有哪些类型的负载？本章用到的 LED 8 位 LED 数码管等是否都为 TTL 负载？

③ 从 8 个 LED 到 8 位 LED 数码管，再到 LCD 模块，单片机可以显示的信息越来越多。掌握了这些设备的显示控制原理，就不难理解其他更为复杂的显示设备的控制原理。除本章介绍的显示模块外，还有一种 8×8 的点阵显示模块可以作为了解字符显示原理的中间设备。本章使用的 LCD 模块中显示字符的是一个 5×7 点阵。这个点阵可以显示的字符都是通过编码保存在 LCD 模块中的。现在可以找一个单独的 8×8 点阵模块，用单片机来编写程序保存一些想显示的字符的编码，然后在 8×8 点阵里显示这些字符。8×8 点阵基本上可以显示汉字了，尝试一下！至此，我们已经完全了解和掌握了单片机显示信息的原理和方法。

第3章 定时器和中断系统
——机器人速度测量与控制

单片机的定时器相当于生活中的计时装置——钟表。给单片机编程就是要将单片机 CPU 的运算处理时间根据任务的轻重缓急进行分配。只有安排好这些时间，才能最大限度地发挥单片机的作用。定时器就是用来辅助编写高效的单片机程序、提高单片机执行效率的硬件资源。

单片机的定时器实质上是一种计数器。在作为定时器时，它是通过计数单片机内部的时钟脉冲来实现定时的；如果直接计数外部的脉冲，就是计数器。因此，通常将单片机这部分硬件资源统称为定时/计数器。

AT89S52 提供 3 个定时/计数器，分别是定时/计数器 0（T0）、定时/计数器 1（T1）和定时/计数器 2（T2）。这些定时/计数器都可以设置成 4 种工作方式，分别是 Mode0、Mode1、Mode2 和 Mode3，每种工作方式的计数范围都不一样，如 Mode0 表示一个 13 位的计数器，计数范围为 0～8191；Mode1 则表示一个 16 位的计数器，计数范围为 0～65535；Mode2 和 Mode3 都表示 8 位的计数器，只是 Mode2 支持自动加载功能，而 Mode3 不支持。

设置和控制定时/计数器需要用到定时/计数器的寄存器，包括定时/计数器工作方式寄存器（TMOD）（用来设置 T0 和 T1 的工作方式）和定时/计数器控制寄存器（TCON）（用来控制 T0 和 T1 的开启、停止、溢出自动标志等）。在不同程序中对定时/计数器工作方式寄存器和定时/计数器控制寄存器的设置不尽相同，在使用时都会做详细说明。T2 较少使用，它有 3 个寄存器，分别为控制寄存器（T2CON）、RCAP2H 和 RCAP2L。

中断与在生活中中途打断某一件事去做另一件优先级更高的事类似，中断可以提高单片机执行操作的条理性，通过设定事件的优先级来提高单片机的工作效率，保证重要的事件优先处理。中断必须和定时/计数器相结合，在定时/计数器规定时刻到来时才可以中断去做另一件事，而不能随意中断当前的程序。

任务 3.1 简易数字编码器的安装和电机转速的测量

本任务所需元器件包括：1 套简易数字编码器套件、1 个 LCD1602 模块和 1 套教学机器人。

简易数字编码器介绍

数字编码器用于测量机器人轮子的转速。通过数字编码器可以改善机器人的运动性能，如改善走迷宫或按照地图路径行走的机器人的运动性能。数字编码器套件安装在轮子的旁边，可利用轮子上的小孔做周期性计数来测量轮子的转速。

简易数字编码器套件如图 3.1 所示，详细的技术参数如下。

① 工作电压：4.75～5.25V DC。

② 检测距离：<20mm。

③ 最佳检测距离：3～7mm。

④ 消耗电流：30mA。

⑤ 低电平输出电压：0.4V（工作电压：5V）。

⑥ 工作温度范围：0～70℃。

该数字编码器套件具有以下特点。

① 受外部干扰小。

② 3 针连接器输出。

③ 能直接输出 TTL 电平。

④ 体积较小。

⑤ 最佳检测距离：3～7mm。

数字编码器的输出信号线（SIG）始终是中间线，左数字编码器（安装在左轮上）的 GND 端在上引脚，VDD 端在下引脚；右数字编码器（安装在右轮上）的 GND 端在下引脚，VDD 端在上引脚，其引脚说明如图 3.2 所示。

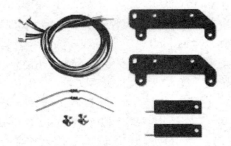

图 3.1　简易数字编码器套件

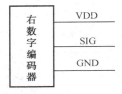

图 3.2　数字编码器的引脚说明

简易数字编码器的测速原理

数字编码器由一个红外发射器和一个红外接收器组成，红外发射器以 7.8kHz 的频率发射红外光。当红外光照射到前方遮挡物时将反射回来，通过红外接收器检测是否有红外光反射回来，若有，则信号线引脚为低电平，若没有，则信号线引脚为高电平。可通过计数器统计传回信号的下降沿个数，若有 n 个下降沿，则说明轮子转过了 n 个小孔。小车的轮子上有 12 个小孔，所以接收到 12 个下降沿表明轮子转一圈。设轮子直径为 D，t 为记录 n 个下降沿所需的时间，轮子的转速为 V，则转速与数字编码器信号的转换关系为

$$V = \frac{\pi D n}{12t} \tag{3.1}$$

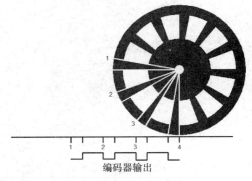

图 3.3　数字编码器测速原理图

数字编码器测速原理图如图 3.3 所示。

简易数字编码器的安装

简易数字编码器在机器人小车上的安装方式与左、右数字编码器安装效果如图 3.4～图 3.6 所示。

图 3.5　左数字编码器安装效果

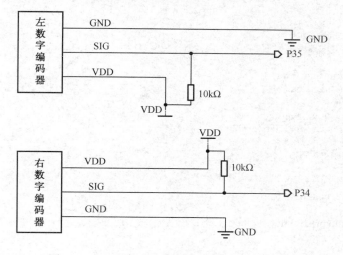

图 3.4　简易数字编码器在机器人小车上的安装方式

图 3.6　右数字编码器安装效果

简易数字编码器、教学机器人电机信号引脚与 C 语言教学板引脚的连接说明如表 3.1 所示。

表 3.1　简易数字编码器、教学机器人电机信号引脚与 C 语言教学板引脚的连接说明

设 备 引 脚	C 语言教学板引脚
左数字编码器信号引脚（SIG）	P35
右数字编码器信号引脚（SIG）	P34
左电机信号引脚（SIG）	P11
右电机信号引脚（SIG）	P10

左、右数字编码器与 C 语言教学板的电路连接如图 3.7 所示。

图 3.7　左、右数字编码器与教学板的电路连接

用简易数字编码器进行电机转速的测量

根据转速的定义，对转速进行测量需要用到单片机的定时/计数器。

（1）定时/计数器的设置和中断说明

T0 设置：TMOD |= 0x05，设定 T0 的工作状态为计数器状态，工作方式为 Mode1；TH0 = 0，将计数器高位初始化为 0；TL0 = 0，将计数器低位初始化为 0；TR0 = 0，关闭运行 T0 控制位；TR0 用于控制 T0，当需要开启 T0 时，TR0 = 1；当需要关闭 T0 时，TR0 = 0。

T1 设置：TMOD |= 0x50，设定 T1 的工作状态为计数器状态，工作方式为 Mode1；TH1 = 0，将计数器高位初始化为 0；TL1 = 0，将计数器低位初始化为 0；TR1 = 0，关闭运行 T1 控制位；TR1 用于控制 T1，当需要开启 T1 时，TR1=1；当需要关闭 T1 时，TR1 = 0。

T2 设置：EA = 1，开启总中断；T2MOD = 0x00，设定定时器为向上计数方式；T2CON = 0x00，设定溢出自动重装方式；RCAP2H = (65536−46080)/256，定时器高位初始化，RCAP2L = (65536−46080)%256，定时器低位初始化。T2 每 50ms 自动初始化一次，再重新计时。

在测速任务中 T2 用于中断计时，当 TR2 = ET2=1 时，开启 T2 的中断功能。T2 每 50ms 中断一次，每中断一次就进入中断函数（Time2_5s(void) interrupt 5 using 3），并执行中断函数内的所有语句。

（2）简易数字编码器测量左、右电机转速的程序

图 3.8 所示为用简易数字编码器测量机器人小车左、右电机转速的示意图。

用简易数字编码器测量左、右电机转速的程序如下。

图 3.8　用简易数字编码器测量机器人小车左、右电机转速的示意图

```
/**********************************************
文件:DigitalEncode.C
描述:数字编码器
说明:在使用数字编码器的情况下不能使用串口,本程序能实现电机转速的测量
**********************************************/
#include <AT89X52.h>
#include <stdio.h>
#include <BoeBot.h>
#include"LCDDISPNUM.H"

#define uint unsigned int
#define uchar unsigned char

#define Encode_Signal_right    P3_4
#define Encode_Signal_left     P3_5

#define CTRLSPEED    1

uchar One_Second_Flag = 0;
uchar Time2_counter = 0;

uchar left_motor=100,right_motor=100;
uchar flag = 0,speed = 12;

float Ecode_Counter_Right,Ecode_Counter_Left;
```

```
/*==============================================
   函数名:Time1_init()
   功   能:T1 初始化
==========================================*/

void Time1_init(void)
{
    TMOD |= 0x50 ;                    //计数器方式
    TH1 = 0;
    TL1 = 0;
    TR1 = 0;
}

/*==============================================
   函数名:Time2_init()
   功   能:T2 初始化，作为定时器
==================================================*/
void Time2_init(void)
{
    EA = 1;
    T2MOD = 0x00;
    T2CON = 0x00;
    RCAP2H = (65536-46080)/256;       //定时 50ms
    RCAP2L = (65536-46080)%256;
}

/*==============================================
   函数名:Time0_init()
   功   能:T0 初始化
==========================================*/
void Time0_init(void)
{
    TMOD |= 0x05 ;                    //计数器方式
    TH0 = 0;
    TL0 = 0;
    TR0 = 0;
}

/*==============================================
   函数名:Encode_Recode()
   功   能:记录每秒的脉冲数，并计算轮子转速
==========================================*/
void Encode_Recode(void)
{
    uchar Num_T0,Num_T1;
    Num_T0 = TL0;
    Num_T1 = TL1;

    Ecode_Counter_Right = 7*3.16*Num_T0/12 ;    //定时 1s，计算每秒的路程（厘米）
    Ecode_Counter_Left = 7*3.16*Num_T1/12 ;
}

void forward(void)
{
    P1_1=1;
    delay_nus(1700);
    P1_1=0;
    P1_0=1;
```

```
        delay_nus(1300);
        P1_0=0;
        delay_nms(20);
}

/*==================================================
        函数名:RunEncode
        功　　能:启动数字编码器功能
==================================================*/
void RunEncode(void)
{
        if(flag == 0)
        {
                TR2 = ET2 = TR0 = TR1 = 1;        //启动定时器和计数器
                flag = 1;                        //设置标志，表示定时器和计数器都已启动
        }
        if(One_Second_Flag == 1)
        {
                Encode_Recode();                 //记录每秒的脉冲数
                forward();
                Display_List_Char(0,0,"Right:");  //在 LCD 上显示右轮的转速
                DispFloatNum(Ecode_Counter_Right,0,6,1);

                Display_List_Char(0,10,"cm/s");
                forward();
                Display_List_Char(1,0,"Left :");  //在 LCD 上显示左轮的转速
                DispFloatNum(Ecode_Counter_Left,1,6,1);
                Display_List_Char(1,10,"cm/s");
                forward();

                TH0 = 0;                          //T0 高位重装
                TL0 = 0;                          //T0 低位重装
                TH1 = TL1 = 0;                    //T1 重装
                flag = 0;                         //启动定时器标志置 0
                One_Second_Flag =0;
        }

}
/*==================================================
        函数名:main()
        功　　能:主函数
==================================================*/
void main(void)
{
    Time2_init();                   //T2 初始化，设置为定时器，作为 50ms 中断定时器
    Time1_init();                   //T1 初始化，设置为左轮数字编码器的计数器
    Time0_init();                   //T0 初始化，设置为右轮数字编码器的计数器

    Encode_Signal_right =1;         //给右数字编码器信号线高电平，即启动右数字编码器
    Encode_Signal_left   =1;        //给左数字编码器信号线高电平，即启动左数字编码器
    LCM_Init();                     //LCM 初始化
    delay_nms(5);                   //延时片刻（可不要）
    Display_List_Char(0,2 ,"Now Test Speed " );  //在 LCD 上显示提示语句
    delay_nms(100);

    Write_Command_LCM(1,0);         //注意清屏
    while(1)
```

```
    {
        forward();                              //全速前进函数
        RunEncode();                            //调用速度测量和显示函数
    }
}

void Time2_0_5s(void) interrupt 5 using 3
{
    TF2=0;                                      //T2 的中断标志不会自动清除

    Time2_counter++ ;
    if(Time2_counter == 20 )
    {
        TR2 = ET2 = TR0 = TR1 =0;
        One_Second_Flag =1;
        Time2_counter =0;
    }
}
```

程序首先定义了几个无符号字符型变量，并将它们都初始化为 0。

```
uchar One_Second_Flag=0;
uchar Time2_counter=0;
uchar flag=0;
```

One_Second_Flag 是 1s 标志（或者称旗标），该标志通过设置定时器和编写 1s 的中断服务程序来实现每隔 1s 置一次 1。当主程序检测到该标志为 1 时，就开始调用相关的数据和函数计算转速。

Time2_counter 变量是用来辅助完成 1s 计时的。在本程序中将 T2 设置成 50ms 的定时器，单片机会每隔 50ms 自动执行一次中断服务程序。如果在中断服务程序中编写代码，使中断服务程序每执行一次，让该变量加 1，那么就可以通过追踪 Time2_counter 变量的值来确定单片机运行了多长时间，这样就可以根据 Time2_counter 的值来决定什么时候让主程序计算和显示电机转速了。

flag 标志用来协调主程序和中断服务程序之间的运行。一开始 flag 被初始化为 0，在第一次执行 RunEcode()函数时，将其置为 1，并开启计数器和定时器。当单片机根据中断服务程序的执行次数确定要进行转速测量和显示时，需要关掉 T0、T1 及 T2，以获得准确的计数值，同时让中断服务程序不再打断主程序的执行。在 RunEcode()函数完成计算和显示后，要将 flag 置 0，这样可以保证主程序和中断服务程序不会相互干扰。

主函数 main()首先对 T2、T1、T0 进行初始化，即将 T2 设置为 50ms 定时器，作为 50ms 中断定时器使用，将 T1 设置为左数字编码器的计数器，将 T0 设置为右数字编码器的计数器：

```
Time2_init();           //T2 初始化，设置为定时器，作为 50ms 中断定时器
Time1_init();           //T1 初始化，设置为左数字编码器的计数器
Time0_init();           //T0 初始化，设置为右数字编码器的计数器
```

随后赋予左、右数字编码器信号引脚高电平，表示启动数字编码器。程序如下：

```
Encode_Signal_right =1 ;    //赋予右数字编码器信号引脚高电平，即启动右数字编码器
Encode_Signal_left =1 ;     //赋予左数字编码器信号引脚高电平，即启动左数字编码器
```

接着对 LCM 进行初始化，并在 LCD 上显示提示语句，在显示提示语句 0.1s 后清屏：

```
LCM_Init();                             //LCM 初始化
delay_nms(5);                           //延时片刻（可不要）
Display_List_Char(0,2 ,"Now Test Speed " );     //在 LCD 上显示提示语句
```

```
        delay_nms(100);
        Write_Command_LCM(1,0);                    //注意清屏
```

最后到 while(1)循环，程序将在循环中永远执行下去。while(1)循环内调用两个函数作为程序的主体：

```
        forward();                                 //全速前进函数
        RunEncode();                               //调用速度测量和显示函数
```

forward()函数的作用是让机器人全速前进，而 RunEncode()函数的作用是测量左、右电机的转速及显示测量得到的转速值。主程序不断循环执行这两个函数，实现机器人持续前进，且每隔 1s 计算一次左、右电机的转速，并在 LCD 上显示出来。

RunEncode()函数是一个比较复杂的函数，它调用了多个子函数以完成每隔 1s 测量和显示一次左、右电机转速的任务。以下为 RunEncode()函数的详细解释。

先判断 flag 是否等于 0，因为 flag 被初始化为 0，所以执行下面的语句：

```
        TR2 = ET2 = TR0 = TR1 = 1;                 //启动定时器和计数器
        flag = 1;                                  //设置标志，表示定时器和计数器都已启动
```

紧接着判断 One_Second_Flag 是否等于 1，若不等于 1，则 RunEncode()函数执行结束，进入主程序里面的下一个循环，机器人前进，再检测 One_Second_Flag 是否等于 1，若等于 1，则调用 Encode_Recode()函数计算左、右电机的转速，随后显示在 LCD 上，最后复位 T0 和 T1 的计数值（重置为0），同时将定时器和计数器标志置 0（即 flag=0），One_ Second_Flag 标志也置 0。由于 LCD 显示信息需要耗费比较多的时间，为了保证在显示过程中机器人的连续运动，需在显示信息的中间插入几次 forward()函数。

关于定时/计数器的设置和中断服务程序的详细说明，请参考本章最后的"扩展阅读"部分。

任务 3.2 用 PID 控制算法控制小车速度

本任务要求用式（3.1）计算出简易数字编码器检测到的左、右电机的转速，并运用 PID 控制算法控制电机转速在 12cm/s 左右。

PID 控制算法简介

在当今大量应用的工业控制器中，有半数以上采用 PID 或变形的 PID 控制算法。实践证明，PID 控制算法对于大多数控制系统具有广泛适用性。图 3.9 所示为模拟 PID 控制系统原理框图。

在图 3.9 中，$r(t)$为期望的速度控制值，$e(t)$为系统偏差，$u(t)$为 PID 控制输出速度，$c(t)$为传感器检测输出速度。由经典控制理论可知，$u(t)$与 $e(t)$的关系为

$$u(t) = K_p e(t) + K_i \int_{t_0}^{t_i} e(t) \mathrm{d}t + K_d \frac{\mathrm{d}e(t)}{\mathrm{d}t} \tag{3.2}$$

PID 控制算法分为 3 部分：比例（P）部分、积分（I）部分和微分（D）部分。其中，$K_p e(t)$为比例部分，K_p为比例系数，$e(t)$为在 t 时刻的系统偏差；$K_i \int_{t_0}^{t_i} e(t)\mathrm{d}t$为积分部分，$K_i$为积分系数，$\int_{t_0}^{t_i} e(t)\mathrm{d}t$为 t_0 时刻到 t_i 时刻的系统偏差积分；$K_d \frac{\mathrm{d}e(t)}{\mathrm{d}t}$为微分部分，$K_d$为微分系数，

$\dfrac{de(t)}{dt}$ 为 t 时刻的系统偏差微分。

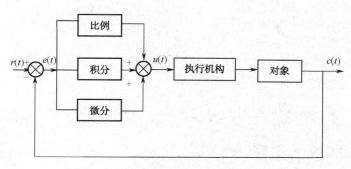

图 3.9　模拟 PID 控制系统原理框图

比例、积分、微分 3 个系数在控制算法中的作用如下。

比例系数反映系统的基本偏差 $e(t)$ 对系统性能的影响。比例系数大，可加快调节速度，减小偏差，但比例系数过大会使系统稳定性下降，甚至造成系统不稳定。

积分系数反映系统的累计偏差对系统性能的影响。积分系数用于消除系统的稳定偏差，提高系统无差度。

微分系数反映系统偏差信号的变化率 $e(t)\text{-}e(t\text{-}1)$ 对系统性能的影响。微分调节具有预见性，能预见偏差变化的趋势，产生超前的控制作用，在偏差还没有形成前，已被微分调节作用消除。因此，可利用微分调节改善系统的动态性能。但是微分系数对噪声干扰有放大作用，微分系数越大，对系统抗干扰越不利。

在 PID 控制算法中，微分控制不能单独起作用，必须与比例控制配合。比例系数和积分系数可以单独用于控制，也可以与微分系数组合起来使用。

下面介绍比例、积分、微分部分不同组合的控制规律的特点。

比例控制规律：采用比例控制规律能较快地克服扰动的影响，它的优点在于输出较快，缺点是不能很好地稳定在一个理想的数值上，即不能消除余差。它适用于控制通道滞后较小、负荷变化不大、控制要求不高、被控参数允许在一定范围内有余差的场合，如水泵房冷、热水位的控制，油泵房中间罐油位的控制，等等。

比例积分（PI）控制规律：在工程系统中，比例积分控制规律是应用最为广泛的。积分控制能在比例控制的基础上消除余差。它适用于控制通道滞后较小、负荷变化不大、被控参数不允许有余差的场合，如重油流量控制系统，油泵房供油管流量控制系统及退火窑各区温度调节系统，等等。

比例微分（PD）控制规律：微分控制具有超前作用，在具有容量滞后的控制通道中引入微分控制，在微分项设置得当的情况下，对于提高系统的动态性能指标有着显著的效果。因此，对于控制通道时间常数或容量滞后较大的场合，如加热型稳定控制、成分控制等，为了提高系统的稳定性及减小动态偏差，可选用比例微分控制规律。需要说明的是，对于一些纯滞后较大的系统中，微分控制无能为力，且在测量信号有噪声或有周期性振动的系统中，也不宜采用微分控制，如液位的控制等。

比例积分微分（PID）控制规律：PID 控制规律是一种较为理想的控制规律，它在比例控制的基础上引入积分控制，可以消除余差，再加入微分作用，又能提高系统的稳定性。它适用于控制通道时间常数或容量滞后较大、控制要求较高的场合，如温度控制、成分控制等。

要编程实现 PID 控制，必须先将算法离散化。离散化的过程其实很简单，只需要记住以下几条即可。

① 用离散的时刻 n 代替连续时间 t。

② 用 0 到 n 的求和代替 t_0 到 t_i 的积分。

③ 用前向差分代替微分。

由此，得到离散 PID 控制算法的表达式为

$$U(n)=K_{\mathrm{p}}e(n)+K_{\mathrm{i}}\sum_{j=0}^{n}e(j)+K_{\mathrm{d}}[e(n)-e(n-1)] \tag{3.3}$$

PID 控制算法的编程实现

PID 控制算法的编程实现非常简单，只需要将离散 PID 控制算法的表达式写到软件里面就可以。但是要将这个算法写成实际的控制软件，需要花费一些时间和精力。

用单片机实现数字闭环控制器的一个最为重要的概念是闭环控制周期，也就是离散 PID 控制算法中两个相邻时刻之间的时间。在这个闭环控制周期里，控制器必须完成以下操作和计算。

① 通过传感器读取一次需要控制的变量的当前值。

② 将获得的被控变量的当前值与期望的控制值进行比较，获得当前的控制偏差。

③ 按照离散控制算法，根据偏差计算当前的控制作用量的大小。

④ 将控制作用输出到执行装置中。

⑤ 不断重复上述过程。

若完成以上操作和计算的时间超过了所要求的闭环控制周期，则这个数字控制器可能无法满足控制要求。反之，就可以满足要求。在闭环控制周期中，多余的时间可以用来完成其他操作或者进行简单的暂停等待。在这个控制周期内，可能还要处理一些人机交互的操作，如读取被控变量的期望控制值，以及给 PID 控制器的 3 个控制系数赋不同的值，以获得不同的控制效果等。

在本任务中，机器人小车左、右轮两个 PID 控制器的 3 个系数通过宏定义的方式声明如下。

```
//右轮 PID 控制器的 3 个系数
#define Kp_R     3
#define Ki_R     0.3
#define Kd_R     2
//左轮 PID 控制器的 3 个系数
#define Kp_L     3
#define Ki_L     0.4
#define Kd_L     2
```

下面详细阐述机器人小车左、右轮转速的数字 PID 控制器的实现方法。

基于 PID 控制算法的速度控制

将数字编码器测得的左轮当前转速记为 Ecode_Counter_Left_now，右轮当前转速记为 Ecode_Counter_Right_now。变量 Ecode_Counter_Right_before、Ecode_Counter_Left_before、Ecode_Counter_Right_before1、Ecode_Counter_Left_before1、Ecode_Counter_Right_before2、Ecode_Counter_Left_before2、Ecode_Counter_Right_before3、Ecode_Counter_Left_before3 用于保存左、右轮前 4 次测得的转速。LED 数码管显示的速度就是图 3.9 中的 $c(t)$。output_signal_L

和 output_signal_R 为 PID 控制器输出，与图 3.9 中的 $u(t)$ 相同。变量 speed 表示机器人最终速度控制期望值，与图 3.9 中的 $r(t)$ 相同。

系统偏差 $e(t)$ 的计算方式为：$e(t)$=检测速度−速度期望值。以下程序用于表示左、右轮 8 个系统偏差。

```
//计算左轮当前转速与速度期望值的系统偏差
e1_L=Ecode_Counter_Left_now-speed;
//计算右轮当前转速与速度期望值的系统偏差
e1_R=Ecode_Counter_Right_now-speed;
//计算左轮之前转速与速度期望值的系统偏差
e2_L=Ecode_Counter_Left_before-speed;
e3_L=Ecode_Counter_Left_before1-speed;
e4_L=Ecode_Counter_Left_before2-speed;
e5_L=Ecode_Counter_Left_before3-speed;
//计算右轮之前转速与速度期望值的系统偏差
e2_R=Ecode_Counter_Right_before-speed;
e3_R=Ecode_Counter_Right_before1-speed;
e4_R=Ecode_Counter_Right_before2-speed;
e5_R=Ecode_Counter_Right_before3-speed;
```

计算左、右轮 PID 控制器输出速度 $u(t)$ 的程序如下。

```
output_signal_L=Kp_L*e1_L+Ki_L*(e1_L+e2_L+e3_L+e4_L+e5_L)+Kd_L*(e1_L-e2_L);
output_signal_R=Kp_R*e1_R+Ki_R*(e1_R+e2_R+e3_R+e4_R+e5_R)+Kd_R*(e1_R-e2_R);
```

利用 PID 控制器输出对速度输出做出调整，其程序如下。

```
left_motor=left_motor-output_signal_L;
right_motor=right_motor-output_signal_R;
```

根据以上分析编写实现 PID 控制算法的函数。

```
//PID 控制函数
//PID 控制算法控制轮子转速
void PID(void)
{
    float e1_L,e1_R,e2_L,e2_R,e3_L,e3_R,e4_L,e4_R,e5_L,e5_R;

    //计算左轮当前转速与速度期望值的系统偏差
    e1_L=Ecode_Counter_Left_now-speed;
    //计算右轮当前转速与速度期望值的系统偏差
    e1_R=Ecode_Counter_Right_now-speed;
    //计算左轮之前转速与速度期望值的系统偏差
    e2_L=Ecode_Counter_Left_before-speed;
    e3_L=Ecode_Counter_Left_before1-speed;
    e4_L=Ecode_Counter_Left_before2-speed;
    e5_L=Ecode_Counter_Left_before3-speed;
    //计算右轮之前转速与速度期望值的系统偏差
    e2_R=Ecode_Counter_Right_before-speed;
    e3_R=Ecode_Counter_Right_before1-speed;
    e4_R=Ecode_Counter_Right_before2-speed;
    e5_R=Ecode_Counter_Right_before3-speed;

    output_signal_L=Kp_L*e1_L+Ki_L*(e1_L+e2_L+e3_L+e4_L+e5_L)+Kd_L*(e1_L-e2_L);
    output_signal_R=Kp_R*e1_R+Ki_R*(e1_R+e2_R+e3_R+e4_R+e5_R)+Kd_R*(e1_R-e2_R);

    left_motor=left_motor-output_signal_L;
    right_motor=right_motor-output_signal_R;
}
```

为了使上述程序正常运行，每个伺服周期都需要更新当前转速和前 4 次测得的转速。这个工作通过改写转速测量程序中的 Encode_Recode()函数实现。

```
void Encode_Recode(void)
{
    uchar Num_T0,Num_T1;
    Num_T0 = TL0;
    Num_T1 = TL1;

    Ecode_Counter_Right_before3=Ecode_Counter_Right_before2;
    Ecode_Counter_Left_before3=Ecode_Counter_Left_before2;

    Ecode_Counter_Right_before2=Ecode_Counter_Right_before1;
    Ecode_Counter_Left_before2=Ecode_Counter_Left_before1;

    Ecode_Counter_Right_before1=Ecode_Counter_Right_before;
    Ecode_Counter_Left_before1=Ecode_Counter_Left_before;

    Ecode_Counter_Right_before=Ecode_Counter_Right_now;
    Ecode_Counter_Left_before=Ecode_Counter_Left_now;

    Ecode_Counter_Right_now = 7*3.16*Num_T0/12 ; //换算成 cm/s
    Ecode_Counter_Left_now = 7*3.16*Num_T1/12 ;
}
```

　　最后通过 Speed_regulation()函数控制轮子的转速。Speed_regulation()函数的程序如下。

```
//函数:调速函数
//函数输入参数:无
void Speed_regulation(void)
{
    P1_1=1;
    delay_nus(1500+left_motor);
    P1_1=0;
    P1_0=1;
    delay_nus(1500-right_motor);
    P1_0=0;
    delay_nms(20);
}
```

　　用新编写的这两个函数改写本章任务 3.1 程序中主函数里的循环。

```
while(1)
{
    Speed_regulation();
    RunEncode();
    PID();
}
```

　　至此，完成了机器人小车左、右轮转速闭环控制程序。总体的程序代码如下。

```
#include <AT89X52.h>
#include <stdio.h>
#include <BoeBot.h>
#include"LCDDISPNUM.H"

#define uint unsigned int
#define uchar unsigned char
#define Kp_R    3                      //右轮 PID 控制器共有 3 个系数，为常数
#define Ki_R    0.3
#define Kd_R    2
#define Kp_L    3                      //左轮 PID 控制器共有 3 个系数，为常数
```

```
#define Ki_L     0.4
#define Kd_L     2

#define Encode_Signal_right P3_4
#define Encode_Signal_left   P3_5

#define CTRLSPEED    1

uchar One_Second_Flag = 0;
uchar Time2_counter = 0;
float   Ecode_Counter_Right_now=12, Ecode_Counter_Left_now=12,
        Ecode_Counter_Right_before=12, Ecode_Counter_Left_before=12,
        Ecode_Counter_Right_before1=12, Ecode_Counter_Left_before1=12,
        Ecode_Counter_Right_before2=12, Ecode_Counter_Left_before2=12,
        Ecode_Counter_Right_before3=12, Ecode_Counter_Left_before3=12;

uchar left_motor=100,right_motor=100;
uchar flag = 0,speed = 12;

float output_signal_L=0,output_signal_R=0;

/*=========================================
    函数名:Time1_init()
    功    能:T1 初始化
=======================================*/

void Time1_init(void)
{
    TMOD |= 0x50 ;                      //计数器方式
    TH1 = 0;
    TL1 = 0;
    TR1 = 0;
}

/*===========================================================
    函数名:Time2_init()
    功    能:T2 初始化，作为定时器
=========================================================*/
void Time2_init(void)
{
    EA = 1;
    T2MOD = 0x00;
    T2CON = 0x00;
    RCAP2H = (65536-46080)/256;         //定时 50ms
    RCAP2L = (65536-46080)%256;
}

/*=========================================
    函数名:Time0_init()
    功    能:T0 初始化
=====================================*/
void Time0_init(void)
{
    TMOD |= 0x05 ;                      //计数器方式
    TH0 = 0;
    TL0 = 0;
    TR0 = 0;
}
```

```
/*============================================
    函数名:Encode_Recode()
    功    能:记录每秒的脉冲数，并计算轮子转速
=============================================*/
void Encode_Recode(void)
{
    uchar Num_T0,Num_T1;
    Num_T0 = TL0;
    Num_T1 = TL1;

    Ecode_Counter_Right_before3=Ecode_Counter_Right_before2;
    Ecode_Counter_Left_before3=Ecode_Counter_Left_before2;

    Ecode_Counter_Right_before2=Ecode_Counter_Right_before1;
    Ecode_Counter_Left_before2=Ecode_Counter_Left_before1;

    Ecode_Counter_Right_before1=Ecode_Counter_Right_before;
    Ecode_Counter_Left_before1=Ecode_Counter_Left_before;

    Ecode_Counter_Right_before=Ecode_Counter_Right_now;
    Ecode_Counter_Left_before=Ecode_Counter_Left_now;

    Ecode_Counter_Right_now = 7*3.16*Num_T0/12 ;      //定时 1s，计算每秒的路程（cm）
    Ecode_Counter_Left_now = 7*3.16*Num_T1/12;
}

//函数:调速函数
//函数输入参数:无
void Speed_regulation(void)
{
    P1_1=1;
    delay_nus(1500+left_motor);
    P1_1=0;
    P1_0=1;
    delay_nus(1500-right_motor);
    P1_0=0;
    delay_nms(20);
}

//PID 控制函数
//PID 控制算法控制轮子转速
void PID(void)
{
    float e1_L,e1_R,e2_L,e2_R,e3_L,e3_R,e4_L,e4_R,e5_L,e5_R;
    //计算左轮当前转速与速度期望值的系统偏差
    e1_L=Ecode_Counter_Left_now-speed;
    //计算右轮当前转速与速度期望值的系统偏差
    e1_R=Ecode_Counter_Right_now-speed;
    //计算左轮之前转速与速度期望值的系统偏差
    e2_L=Ecode_Counter_Left_before-speed;
    e3_L=Ecode_Counter_Left_before1-speed;
    e4_L=Ecode_Counter_Left_before2-speed;
    e5_L=Ecode_Counter_Left_before3-speed;
    //计算右轮之前转速与速度期望值的系统偏差
    e2_R=Ecode_Counter_Right_before-speed;
    e3_R=Ecode_Counter_Right_before1-speed;
    e4_R=Ecode_Counter_Right_before2-speed;
    e5_R=Ecode_Counter_Right_before3-speed;
```

```
        output_signal_L=Kp_L*e1_L+Ki_L*(e1_L+e2_L+e3_L+e4_L+e5_L)+Kd_L*(e1_L-e2_L);
        output_signal_R=Kp_R*e1_R+Ki_R*(e1_R+e2_R+e3_R+e4_R+e5_R)+Kd_R*(e1_R-e2_R);

        left_motor=left_motor-output_signal_L;
        right_motor=right_motor-output_signal_R;
}

/*================================================
    函数名:RunEncode()
    功    能:启动数字编码器功能
==================================================*/
void RunEncode(void)
{
    if(flag == 0)
    {
        TR2 = ET2 = TR0 = TR1 = 1;              //启动定时器和计数器
        flag = 1;                               //设置标志,表示定时器和计数器都已启动
    }
    if(One_Second_Flag == 1)
    {
        Encode_Recode();                        //记录每秒的脉冲数

        Display_List_Char(0,0,"Right:");        //在 LCD 上显示右轮的转速

        DispFloatNum(Ecode_Counter_Right_now,0,6,1);

        Display_List_Char(0,10,"cm/s");

        Display_List_Char(1,0,"Left :");        //在 LCD 上显示左轮的转速

        DispFloatNum(Ecode_Counter_Left_now,1,6,1);
        Display_List_Char(1,10,"cm/s");
        TH0 = 0;                                //T0 高位重装
        TL0 = 0;                                //T0 低位重装
        TH1 = TL1 = 0;                          //T1 重装
        flag = 0;                               //启动定时器,标志置 0
        One_Second_Flag =0;
    }

}
/*================================================
    函数名:main()
    功    能:主函数
==================================================*/
void main(void)
{
    speed = 12 ;                                //单位是 cm/s

    Time2_init();                              //T2 初始化
    Time1_init();                              //T1 初始化
    Time0_init();                              //T0 初始化

    Encode_Signal_right =1 ;                   //赋予右数字编码器信号引脚高电平,即启动右数字编码器
    Encode_Signal_left =1 ;                    //赋予左数字编码器信号引脚高电平,即启动左数字编码器
    LCM_Init();                                //LCM 初始化
    delay_nms(5);                              //延时片刻(可不要)
    Display_List_Char(0,2 ,"Now Test Speed " ); //在 LCD 上显示提示语句
```

```
        delay_nms(100);

        Write_Command_LCM(1,0);                        //注意清屏
        while(1)
        {
            Speed_regulation();
            RunEncode();
            PID();
        }
    }

    void Time2_0_5s(void) interrupt 5 using 3
    {
        TF2=0;                                         //T2的中断标志不会自动清除

        Time2_counter++ ;
        if(Time2_counter == 20 )
        {
            TR2 = ET2 = TR0 = TR1 = 0 ;
            One_Second_Flag = 1 ;
            Time2_counter = 0 ;
        }
    }
```

将以上代码另存为一个程序，并补充修改前面的代码说明。重新构建工程，编译、下载、运行程序，观察机器人小车的运行效果。图3.10和图3.11是两个运行时刻的电机转速控制程序运行效果。

图3.10　电机转速控制程序运行效果一

图3.11　电机转速控制程序运行效果二

任务中设定的机器人速度期望值是12cm/s，在程序实际运行过程中，两个轮子的线速度基本上都在11～13.8cm/s之间变化，能不能让轮子的线速度更加准确呢？答案是否定的。因为影响控制器控制精度的因素有很多，其中一个关键因素是反馈的精度，也就是传感器的检测精度。

这里使用的简易数字编码器的最高速度检测精度是多少呢？它由电机的最高转速和数字编码器每转能够输出的脉冲个数决定。伺服电机的最高转速约为60r/min，也就是1r/s，1r（转）是6.28rad，同时数字编码器能够输出8个脉冲，也就是说，每个脉冲对应的弧度为6.28/8rad，即0.785rad，这个弧度对应轮子转过的弧长为0.785×3.5cm，约为2.74cm，因为轮子的半径为3.5cm，所以2.74cm/s就是数字编码器的最高速度检测精度。如果想要提高检测精度，必须提高数字编码器的分辨率，也就是每转可以输出的脉冲数。

另外，程序对PID控制器的积分部分进行了简化处理。按照原始的PID控制器，必须对所有检测到的电机转速进行累加积分，而这里只取了前4次进行累加。其实，在速度控制闭

环中，积分环节对控制精度的影响较小，这从设定的 K_i 参数就可以看出来。

任务中的 PID 控制器的系数是从哪里得来的呢？这里的数值是开发工程师通过多次实验获得的，因为在没有模型的控制系统中，只能按照调整 PID 控制器系数的方法，通过不断地实验得到最佳的数值。这方面的内容和技能是后续自动控制原理和现代控制工程课程的核心内容。

任务 3.3　简易里程计的设计

本任务要求在任务 3.2 的基础上编写一个简易里程计的程序，计算出机器人小车走过的距离并通过 LCD 显示出来。

简易里程计设计原理

简易里程计通过左、右两侧的数字编码器测得两个轮子转过的角度，再将两轮转过的角度转换为小车的行车里程。设小车的行车里程以小车中心位置为参考点，小车的行车里程为 S，左轮的运动距离为 S_1，右轮的运动距离为 S_2，则小车的运动距离可表示为

$$S = \frac{(S_1 + S_2)}{2} \qquad (3.4)$$

利用数字编码器测量轮子的运动距离很简单，在任务 3.1 中已有详细的说明。利用计数器统计数字编码器信号线传回的信号中有几个下降沿，即可得出轮子转过的角度。机器人小车使用的轮子有 8 个小孔，所以当单片机接收到 8 个下降沿时，表明轮子旋转一圈。设轮子的直径为 D，左轮运动一段时间后测得 n_1 个下降沿，右轮运动一段时间后测得 n_2 个下降沿，左轮的运动距离为 S_1，右轮的运动距离为 S_2，则轮子的运动距离与数字编码器信号的转换关系为

$$S_1 = \frac{\pi D n_1}{12t} \qquad (3.5)$$

$$S_2 = \frac{\pi D n_2}{12t} \qquad (3.6)$$

简易里程计的程序设计

定时/计数器的设置和中断说明与前面两个任务相同，这里不再赘述。

（1）简易里程计程序实现说明

通过两个数字编码器测得左、右轮信号的下降沿数量，再按照式（3.5）和式（3.6）计算左、右轮的运动距离，最后运用式（3.4）将两个轮子的运动距离转换为小车的行车里程，每秒更新一次小车的行车里程，并将更新的小车行车里程显示在 LCD 上。

（2）简易里程计程序

简易里程计程序代码如下。

```
/***********************************************
文件:DigitalEncode.c
描述:数字编码器
说明:在使用数字编码器的情况下不能使用串口,本程序能够实现记录小车行车里程
晶振:11.0592MHz
***********************************************/
#include <AT89X52.h>
```

```c
#include <stdio.h>
#include<BoeBot.h>
#include"LCDDISPNUM.H"

#define uint unsigned int
#define uchar unsigned char

#define Encode_Signal_right P3_4
#define Encode_Signal_left   P3_5

uchar One_Second_Flag = 0;
uint Time2_counter = 0;
float   Ecode_Counter_Right, Ecode_Counter_Left;

uchar flag = 0,tab=0;

/*========================================
    函数名:Time1_init()
    功　能:T1 初始化
========================================*/

void Time1_init(void)
{
    TMOD |= 0x50 ;                      //计数器方式
    TH1 = 0;
    TL1 = 0;
    TR1 = 0;
}

/*========================================
    函数名:Time2_init()
    功　能:T2 初始化，作为定时器
================================================*/
void Time2_init(void)
{
    EA = 1;
    T2MOD = 0x00;
    T2CON = 0x00;
    RCAP2H = (65536-46080)/256;         //定时 50ms
    RCAP2L = (65536-46080)%256;

}

/*========================================
    函数名:Time0_init()
    功　能:T0 初始化
========================================*/
void Time0_init(void)
{
    TMOD |= 0x05 ;                      //计数器方式
    TH0 = 0;
    TL0 = 0;
    TR0 = 0;
}

/*========================================
    函数名:Encode_Recode()
    功　能:记录每秒机器人小车的行车里程
========================================*/
```

```
void Encode_Recode(void)
{
    uchar Num_T0,Num_T1;
    Num_T0 = 256*TH0+TL0;
    Num_T1 = 256*TH1+TL1;

    Ecode_Counter_Right += 7*3.16*Num_T0/12;
    Ecode_Counter_Left += 7*3.16*Num_T1/12;
}
```
```
/*==================================
    函数名:Forward()
    功    能:机器人小车前进
=====================================*/
void Forward(void)
{
    P1_1=1;
    delay_nus(1700);
    P1_1=0;
    P1_0=1;
    delay_nus(1350);
    P1_0=0;
    delay_nms(20);
}

/*==================================
    函数名:RunEncode()
    功    能:启动数字编码器，并对里程进行计数
=====================================*/

void RunEncode(void)
{
    float mileage=0;
        if(flag == 0)
        {
            TR2 = ET2 = TR0 = TR1 = 1;       //启动定时器和计数器
            flag = 1;                        //设置标志，表示定时器和计数器都已启动
        }
    if(One_Second_Flag == 1)
    {
        Encode_Recode();                 //计算机器人小车的行车里程
        tab++;
        mileage=(Ecode_Counter_Right+Ecode_Counter_Left)/2;
        Display_List_Char(0,0,"mileage:");
        DispFloatNum(mileage,1,6,1);
        Display_List_Char(1,14,"cm");

        TH0 = 0;
        TL0 = 0;
        TH1 =0;
        TL1 = 0;
        flag = 0;
        One_Second_Flag =0;
    }

}

//停止运动函数
void stop(void)
```

```
    {
        P1_1=1;
        delay_nus(1500);
        P1_1=0;
        P1_0=1;
        delay_nus(1500);
        P1_0=0;
        delay_nms(20);
    }
/*===============================
    函数名:main()
    功　能:主函数
===============================*/

void main(void)
{
    Time2_init();                       //T2 初始化
    Time1_init();                       //T1 初始化
    Time0_init();                       //T0 初始化

    Encode_Signal_right =1;             //赋予右数字编码器信号引脚高电平，即启动右数字编码器
    Encode_Signal_left =1 ;             //赋予左数字编码器信号引脚高电平，即启动左数字编码器
    LCM_Init();                         //LCM 初始化
    delay_nms(5);                       //延时片刻（可不要）
    Display_List_Char(0,2 ,"Now Test Robot " );     //在 LCD 上显示提示语句
    delay_nms(100);

    Write_Command_LCM(1,0);             //注意清屏
    while(1)
    {
        RunEncode();

        if(tab==100)
              break;
        Forward();
    }
    while(1)
        stop();
}

void Time2_5s(void) interrupt 5 using 3
{
    TF2=0;                              //T2 的中断标志不会自动清除

    Time2_counter++ ;
    if(Time2_counter == 20 )
    {
        TR2 = ET2 = TR0 = TR1 = 0 ;
        One_Second_Flag = 1 ;
        Time2_counter = 0 ;
    }
}
```

　　将以上代码另存为一个程序，并补充修改前面的代码说明。该程序能在主程序执行 100 次循环后让机器人小车停下来。重新构建工程，编译、下载、运行程序，观察机器人小车的运行效果。图 3.12 和图 3.13 是两次运行简易里程计程序的运行效果。

图 3.12　简易里程计程序运行效果一

图 3.13　简易里程计程序运行效果二

扩 展 阅 读

T0 和 T1 的工作方式寄存器 TMOD

定时/计数器的工作方式寄存器 TMOD 是一个 8 位寄存器，其功能是设置 T0 和 T1 的工作方式、计数器信号源及定时/计数器方式等，该寄存器各位的定义如表 3.2 所示。

表 3.2　T1 和 T0 的工作方式寄存器 TMOD 各位的定义

位 序 号	D7	D6	D5	D4	D3	D2	D1	D0
位 符 号	GATE	C/$\overline{\text{T}}$	M1	M0	GATE	C/$\overline{\text{T}}$	M1	M0
			T1				T0	

由表 3.2 可知，工作方式寄存器 TMOD 的高 4 位用于设置 T1，低 4 位用于设置 T0，各位的含义如下。

① GATE——门控制位。当 GATE=0 时，定时/计数器启动和停止只受控制寄存器 TCON 中的 TRX（X=0,1；表示定时/计数器 0，定时/计数器 1）控制；当 GATE=1 时，定时/计数器启动和停止由控制寄存器 TCON 中的 TRX 和外部中断引脚（INT0 或 INT1）上的电平状态来共同控制。

② C/$\overline{\text{T}}$——定时器模式与计数器模式选择位。当 C/$\overline{\text{T}}$=1 时，为计数器模式；当 C/$\overline{\text{T}}$=0 时，为定时器模式。

③ M1、M0——工作方式选择位。T0 和 T1 都有 4 种工作方式，它们都由 M1、M0 设定。M1、M0 各值对应的 4 种工作方式如表 3.3 所示。

表 3.3　M1、M0 各值对应的 4 种工作方式

M1	M0	工 作 方 式
0	0	Mode0，为 13 位定时/计数器
0	1	Mode1，为 16 位定时/计数器
1	0	Mode2，为 8 位初值重装的定时/计数器
1	1	Mode3，仅适用于 T0，分成两个 8 位计数器，T1 停止计数

T0 和 T1 的控制寄存器 TCON

控制寄存器 TCON 用于控制 T0 和 T1 的启动、停止及标志溢出和中断服务程序情况。当单片机复位时，TCON 被全部清零。T0 和 T1 的控制寄存器 TCON 各位的定义如表 3.4 所示。

表 3.4　T0 和 T1 的控制寄存器 TCON 各位的定义

位 序 号	D7	D6	D5	D4	D3	D2	D1	D0
位 符 号	TF1	TR1	TF0	TR0	IE1	IT1	IE0	IT0

各位的含义如下。

① TF1——T1 溢出标志。当 T1 计满溢出时，硬件自动置 TF1 为 1，并申请中断。进入中断后，由硬件自动对 TF1 清零。

② TR1——T1 运行控制位。该控制位由软件清零关闭 T1。当 GATE=1，且 INT1 为高电平时，TR1 置 1 表示启动 T1；当 GATE=0 时，TR1 置 1 表示启动 T1。

③ TF0——T0 溢出标志。当 T0 计满溢出时，硬件自动置 TF0 为 1，并申请中断。进入中断后，由硬件自动对 TF0 清零。

④ TR0——T0 运行控制位。该控制位由软件清零关闭 T0。当 GATE=1，且 INT0 为高电平时，TR0 置 1 表示启动 T0；当 GATE=0 时，TR0 置 1 表示启动 T0。

⑤ IE1——外部中断 1 请求标志。控制外部中断，与定时/计数器无关。对于初学者来说，不需要操作外部中断，所以此处不详细介绍该寄存器位。

⑥ IT1——外部中断 1 触发方式选择位。控制外部中断，与定时/计数器无关。对于初学者来说，不需要操作外部中断，所以此处不详细介绍该寄存器位。

⑦ IE0——外部中断 0 请求标志。控制外部中断，与定时/计数器无关。对于初学者来说，不需要操作外部中断，所以此处不详细介绍该寄存器位。

⑧ IT0——外部中断 0 触发方式选择位。控制外部中断，与定时/计数器无关。对于初学者来说，不需要操作外部中断，所以此处不详细介绍该寄存器位。

T0 和 T1 的计数寄存器 TH0、TL0、TH1、TL1

TH0、TL0（TH1、TL1）是 T0（T1）的高 8 位和低 8 位计数器，TH0、TL0（TH1、TL1）是连在一起的计数器。当低 8 位 TL0（TL1）计数器计满溢出时，向高 8 位 TH0（TH1）计数器进 1；当高 8 位和低 8 位计数器都计满溢出时，将 TF0（TF1）置 1 并申请中断，进入中断程序，再将 TF0（TF1）置 0。

T2 的 T2CON 寄存器和 T2MOD 寄存器

T2 作为 AT89S52 芯片新增的一类定时器，只有 52 系列单片机才具有。T2 是 16 位定时/计数器，可通过设置特殊功能寄存器 T2CON 中的 C/$\overline{T2}$ 来设置 T2 是作为定时器还是计数器使用。特殊功能寄存器 T2CON 还可以设置 T2 的工作方式，其工作方式有 3 种：捕获方式、自动重装方式（递增或递减计数）和波特率发生器。T2 的 T2MOD 寄存器用于设定定时/计数器在自动重装方式下是递增计数还是递减计数。

（1）T2 的 T2CON 寄存器

T2CON 寄存器用于设定与 T2 相关的一些操作，该寄存器可按位寻址，即可以对寄存器的每位进行单独操作。当单片机复位时，T2CON 寄存器全部被清零，该寄存器各位的定义如表 3.5 所示。

表 3.5　T2 的 T2CON 寄存器各位的定义

序 列 号	D7	D6	D5	D4	D3	D2	D1	D0
位 符 号	TF2	EXF2	RCLK	TCLK	EXEN2	TR2	C/$\overline{T2}$	CP/RL2

① TF2——T2 的溢出标志。当 T2 计数计满溢出时，CPU 将 TF2 置 1，然后产生中断。中断结束后 TF2 不会自动清零，必须用软件清零，即 TF2=0。

② EXF2——T2 的外部标志。当 EXEN2=1，且 T2EX 引脚（即 P10）输入下降沿信号时，T2 进入捕获方式或自动重装方式，此时 EXF2 将被置 1，并产生 T2 中断。在中断结束后 EXF2 不会自动清零，必须用软件清零，即 EXF2=0。在递增/递减计数器方式（DCEN=1）中，EXF2 不会产生中断。

③ RCLK——接收时钟标志。当 RCLK=1 时，串口将以 T2 溢出脉冲作为在 Mode1 或 Mode3 方式中接收的频率信号；当 RCLK=0 时，串口将以 T1 溢出脉冲作为接收的频率信号。

④ TCLK——发送时钟标志。当 TCLK=1 时，串口将以 T2 溢出脉冲作为在 Mode1 或 Mode3 方式中传输的频率信号；当 TCLK=0 时，串口将以 T1 溢出脉冲作为传输的频率信号。

⑤ EXEN2——外部使能标志。当 EXEN2=1 时，若 T2 未被作为串口的频率产生器，且 T2EX 引脚输入一个下降沿触发信号，即可使 T2 进入捕获方式或自动重装方式；当 EXEN2=0 时，T2 不接收 T2EX 引脚的信号变化。

⑥ TR2——启动/停止控制位。当 TR2=1 时，T2 启动；当 TR2=0 时，T2 停止。

⑦ C/$\overline{T2}$——T2 的定时与计数功能切换开关。当 C/$\overline{T2}$=1 时，T2 作为计数器使用，外部事件计数器由下降沿触发；当 C/$\overline{T2}$=0 时，T2 作为定时器使用。

⑧ CP/RL2——捕获/重装标志。当 CP/RL2=1 且 EXEN2=1 时，T2EX 的下降沿触发信号产生捕获；当 CP/RL2=0 且 EXEN2=0 时，T2 溢出或 T2EX 的下降沿触发信号都可以使定时器自动重装；当 RCLK=1 或 TCLK=1 时，该位无效且当定时/计数器强制为溢出时自动重装。

表 3.6 所示为 T2 的 3 种工作方式。

表 3.6　T2 的 3 种工作方式

RCLK+TCLK	CP/RL2	方　式
0	0	16 位自动重装
0	1	16 位捕获
1	×	波特率发生器
×	×	关闭

（2）T2 的方式控制寄存器 T2MOD

方式控制寄存器 T2MOD 用于设定 T2 在自动重装方式下的递增或递减计数，该寄存器不可按位寻址。当单片机复位时，T2MOD 寄存器被全部清零，该寄存器各位的定义如表 3.7 所示。

表 3.7　T2 控制寄存器 T2MOD 各位的定义

位 序 号	D7	D6	D5	D4	D3	D2	D1	D0
位 符 号	—	—	—	—	—	—	T2OE	DCEN

① T2OE——T2 输出使能位。

② DCEN——T2 向下计数使能位。

捕获方式

在将 T2 设置为捕获工作方式后，还需要设定 EXEN2 的值，这样捕获功能才能正常实现。当 EXEN2=1 时，捕获功能被激活，允许捕获 T2EX 引脚的下降沿触发信号；当 EXEN2=0 时，捕获功能被禁止，T2EX 引脚的下降沿触发信号对 T2 无效。

中断相关知识及中断寄存器介绍

中断相关知识介绍

中断的目的是提高单片机处理外部或内部事件的能力。由于事件有一般事件和紧急事件之分，在一般情况下，程序会按照事件的先后顺序执行，但在发生一件紧急事件需要紧急处理时，就需要中断当前的一般事件，优先去做紧急事件，在处理完紧急事件后再回来做被中断的一般事件，这就是中断的作用。在日常生活中，中断事件经常发生。例如，我们在洗衣服时，发现水烧开了，我们要先去关火，关火就是紧急事件，于是，我们中断当前未做完的洗衣服事件去完成关火事件，做完紧急事件后再回来做洗衣服这件事。

对于单片机来说，中断就是 CPU 在处理事件 A 时发生了事件 B，但 CPU 只能处理一件事，当前事件 B 更为紧急，必须马上处理，于是，CPU 暂停处理事件 A（做出中断响应），转去处理事件 B（执行中断程序）。等处理完事件 B 后，CPU 再回来处理未做完的事件 A（中断程序执行完毕，返回原先执行的程序。）。

我们常把事件 B 的中断请求称为中断源。在单片机中有 6 个中断源，每个中断源都有对应的中断条件，6 个中断源也有中断优先级之分。当有多个中断同时发生时，单片机会根据中断源的优先级高低，先从优先级高的中断源开始处理，一直执行到优先级最低的中断源，最后再回到原中断的程序位置。

6 个中断源的符号、名称及优先级如表 3.8 所示。

表 3.8　6 个中断源的符号、名称及优先级[①]

中　断　源	默认中断优先级	中断序号（C 语言用）
INT0——外部中断 0	最高（1）	0
T0——定时/计数器 0 中断	2	1
INT1——外部中断 1	3	2
T1——定时/计数器 1 中断	4	3
TI/RI——串口中断	5	4
T2——定时/计数器 2 中断	最低（6）	5

6 个中断源的中断条件说明如下。

① INT0——外部中断 0，由 P32 引脚产生中断，当 P32 引脚输入低电平或下降沿信号时，中断源 INT0 产生中断。

② T0——定时/计数器 0 中断，由定时/计数器 0 在定时模式下，计数计满溢出引起中断

---

① 在介绍中断时，T0、T1、T2 分别表示定时/计数器 0 中断、定时/计数器 1 中断和定时/计数器 2 中断，而不是定时/计数器本身，请读者区分开。

源 T0 产生中断。

③ INT1——外部中断 1，由 P33 引脚产生中断，当 P33 引脚输入低电平或下降沿信号时，中断源 INT1 产生中断。

④ T1——定时/计数器 1 中断，由定时/计数器 1 在定时模式下，计数计满溢出引起中断源 T1 产生中断。

⑤ TI/RI——串口中断，串口在完成一帧字符发生/接收后产生中断。

⑥ T2——定时/计数器 2 中断，由定时/计数器 2 在定时模式下，计数计满溢出引起中断源 T2 产生中断。

中断寄存器介绍

在使用单片机的中断功能时，首先要设置两个与中断有关的寄存器：中断允许寄存器 IE 和中断优先级寄存器 IP。

中断允许寄存器 IE 用于设定各个中断源的打开和关闭，可进行按位寻址，即可独立设置每位的值。当单片机复位时，IE 各位全部被清零，该寄存器各位的定义如表 3.9 所示。

表 3.9　中断允许寄存器 IE 各位的定义

位序号	D7	D6	D5	D4	D3	D2	D1	D0
位符号	EA	—	ET2	ES	ET1	EX1	ET0	TX0

① EA——全局中断允许位。当 EA=1 时，打开全局中断控制，即允许各中断打开或关闭；当 EA=0 时，关闭全局中断控制，即各中断不能被打开，各中断处于禁止使用的状态。

② ET2——定时/计数器 2 中断允许位。当 ET2=1 时，打开 T2，中断源 T2 允许中断；当 ET2=0 时，关闭 T2，即中断源 T2 被禁止。

③ ES——串口允许位。当 ES=1 时，打开串口中断，允许串口中断；当 ES=0 时，关闭串口中断，即禁止串口中断。

④ ET1——定时/计数器 1 中断允许位。当 ET1=1 时，打开 T1，中断源 T1 允许中断；当 ET1=0 时，关闭 T1，即中断源 T1 被禁止。

⑤ EX1——外部中断 1 允许位。当 EX1=1 时，打开外部中断 1，外部中断 1 允许中断；当 EX1=0 时，关闭外部中断 1，即外部中断 1 被禁止。

⑥ ET0——定时/计数器 0 中断允许位。当 ET0=1 时，打开 T0，中断源 T0 允许中断；当 ET0=0 时，关闭 T0，中断源 T0 被禁止。

⑦ EX0——外部中断 0 中断允许位。当 ET0=1 时，打开外部中断 0，外部中断 0 允许中断；当 EX0=0 时，关闭外部中断 0，即外部中断 0 被禁止。

中断优先级寄存器 IP 用于改变中断默认优先级，该寄存器的每位都可独立操作。当单片机复位时，IP 被全部清零，IP 各位的定义如表 3.10 所示。

表 3.10　中断优先级寄存器 IP 各位的定义

位序号	D7	D6	D5	D4	D3	D2	D1	D0
位符号	—	—	—	PS	PT1	PX1	PT0	PX0

① PS——串口中断优先级控制位。当 PS=1 时，串口中断被设定为高优先级中断；当 PS=0 时，串口中断被设定为低优先级中断。

② PT1——定时/计数器 1 中断优先级控制位。当 PT1=1 时，T1 被设定为高优先级中断；当 PT1=0 时，T1 被设定为低优先级中断。

③ PX1——外部中断 1 优先级控制位。当 PX1=1 时，外部中断 1 被设定为高优先级中断；当 PX1=0 时，外部中断 1 被设定为低优先级中断。

④ PT0——定时/计数器 0 中断优先级控制位。当 PT0=1 时，T0 被设定为高优先级中断；当 PT1=0 时，T0 被设定为低优先级中断。

⑤ PX0——外部中断 0 优先级控制位。当 PX0=1 时，外部中断 0 被设定为高优先级中断；当 PX0=0 时，外部中断 0 被设定为低优先级中断。

3 个定时/计数器的初始化与中断函数

（1）定时/计数器 0 的初始化与定时/计数器 0 中断

设变量 N0 为定时/计数器 0 定时设置变量，当时钟频率设定为 12MHz 时，设定定时/计数器 0 在 Mode1 工作方式下，则定时/计数器 0 的 Mode1 工作方式和 TH0、TL0 初值重装设定如下。

```
TMOD=0x01;                //定时/计数器 0 的 Mode1 工作方式
TH0=(65536-N0)/256;       //高位初值重装设定
TL0=(65536-N0)%256;       //低位初值重装设定
```

当时钟频率为 12MHz 时，定时/计数器 0 计数计满所需时间为 N0 μs。

定时/计数器 0 中断函数格式如下。

```
void  函数名() interrupt 1
{
      中断服务程序内容
}
```

（2）定时/计数器 1 的初始化与定时/计数器 1 中断

设变量 N1 为定时/计数器 1 定时设置变量，当时钟频率设定为 12MHz 时，设定定时/计数器 1 在 Mode1 工作方式下，则定时/计数器 1 的 Mode1 工作方式和 TH1、TL1 初值重装设定如下。

```
TMOD=0x10;                //定时/计数器 1 的 Mode1 工作方式
TH1=(65536-N1)/256;       //高位初值重装设定
TL1=(65536-N1)%256;       //低位初值重装设定
```

当时钟频率为 12MHz 时，定时/计数器 1 计数计满所需时间为 N1 μs。

定时/计数器 1 中断函数格式如下。

```
void  函数名() interrupt 3
{
      中断服务程序内容
}
```

（3）定时/计数器 2 的初始化与定时/计数器 2 中断

设变量 N2 为定时/计数器 2 定时设置变量，当时钟频率设定为 12MHz 时，设定定时/计数器 2 在 Mode1 工作方式下，则定时/计数器 2 的 16 位自动重装方式和 RCAP2H、RCAP2L 初值重装设定如下。

```
T2MOD=0x00;               //设定定时器为自动重装方式递增方式
T2CON=0x00;               //定时/计数器 2 的 16 位自动重装方式
```

```
        RCAP2H=(65536-N2)/256;          //高位初值重装设定
        RCAP2L=(65536-N2)%256;          //低位初值重装设定
```

当时钟频率为 12MHz 时，定时/计数器 2 计数计满所需时间为 N2 μs。

定时/计数器 2 中断函数格式如下。

```
    void  函数名() interrupt 5
    {
        中断服务程序内容
    }
```

工程素质和技能归纳

① 电机转速测量原理和实现方法。

② 简易数字编码器的安装、编程和测试。

③ 用简易数字编码器测量电机转速的程序实现。

④ 与电机转速测量相关的定时/计数器的初始化程序和中断服务程序的编写。

⑤ 闭环控制的基本概念和 PID 控制器程序的编写。

⑥ 机器人小车的速度控制和控制精度分析。

⑦ 机器人简易里程计的设计和实现。

科学精神的培养

① 定时、计数和中断是单片机模拟人类工作方式的关键手段，也是编写高效单片机程序所需掌握的关键技术。查阅相关资料，进一步了解单片机内部是如何实现这些功能的。

② 闭环控制是提高机器人各方面控制性能的关键方法。PID 控制器是实现闭环控制的基本算法。在闭环控制的数字化程序设计中，有一个关键概念，即控制周期，就是控制器隔多长时间给被控量施加一次控制。在常用的伺服电机控制中，理想的周期是 23ms 左右。通常控制周期越长，控制效果越差。试分析一下任务 3.2 中程序的控制周期是多少。

③ 根据上面的分析，任务 3.2 所编写程序的控制周期并不是控制伺服电机的理想周期，思考如何修改程序能够改善控制性能。

④ 仔细研究本章程序中主程序和中断服务程序的协同机制，这种协同机制在后续的多任务复杂系统设计中会经常用到。

第4章 单片机计时与键盘接口技术
——机器人计时

在熟悉并掌握了单片机的定时/计数器功能编程后，就可以结合 LED 数码管等显示模块制作单片机计时装置或数字时钟了，如现在随处可见的数字钟表或电子表。在用单片机制作数字时钟或电子表时，还需要用到键盘来设置时钟的起始时间，以及其他实用功能。

本章首先介绍一种重要的显示模块——8 位八段数码管，用它制作一个计时装置——简易秒表；然后用这个简易秒表制作一个裁判机器人，并用来测量选手的反应时间；最后介绍单片机的键盘接口技术，并用 4×4 键盘来开发具有时间设置功能的计时机器人和时钟机器人。

任务4.1 用8位八段数码管制作简易秒表

本任务所需的元器件包括：1 个 8 位八段数码管、1 套 AT89S52 教学机器人及若干导线。

本任务利用 8 位八段数码管制作一个简易秒表，重点介绍 8 位八段数码管的编程控制方法和驱动程序编写方法。

8 位八段数码管和扩展学习板简介

8 位八段数码管显示模块可用于开发时间或日期的显示装置，由两个 4 位八段数码管显示模块组成，可以通过 10Pin 扁平电缆直接连接到扩展学习板的 10Pin 扩展插座上。8 位八段数码管显示模块由 MAX7219 芯片驱动，对于 MAX7219 芯片，这里不做介绍，读者可以自行上网查找相关资料。

图 4.1 所示为 8 位八段数码管显示模块的原理图。图中的 P1 为 8 位八段数码管 10Pin 扁平的外接口。8 位八段数码管显示模块具有操作简单的优点，单片机只需通过模拟 SPI 三线接口就可以将相关的指令写入 MAX7219 内的指令和数据寄存器中，同时允许用户选择多种译码方式和译码位。

8 位八段数码管显示模块外接口各引脚的功能说明如下。

DIN：串口数据输入端。

CLK：串口时钟输入端。

LOAD：装载数据输入端。

（1）8 位八段数码管显示模块寄存器说明

表 4.1 给出了 8 位八段数码管显示模块各寄存器的说明。

下面分别对各寄存器做一下介绍。

第 0～7 位的数码管控制寄存器（0x00～0x07）：该寄存器用于选择 8 位八段数码管中的一个数码管，如寄存器 0x00 对应数码管 0，寄存器 0x01 对应数码管 1，以此类推。单片机可通过这些寄存器地址控制指定的数码管显示数字。

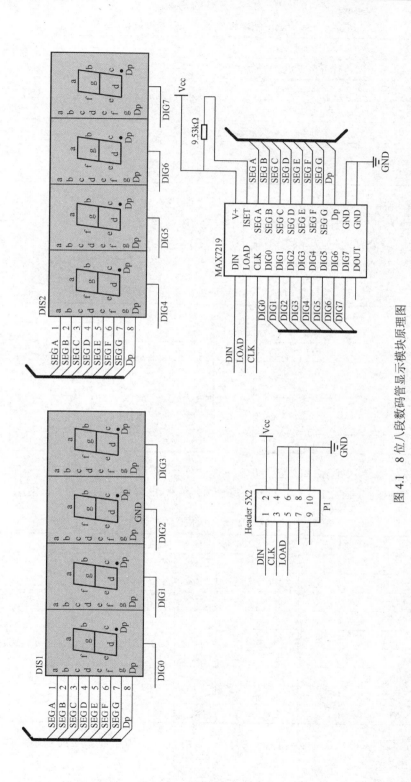

图 4.1 8 位八段数码管显示模块原理图

表 4.1　8 位八段数码管显示模块各寄存器的说明

寄存器名称	寄存器地址
第 0～7 位的数码管控制寄存器	0x00～0x07
译码控制寄存器	0x09
扫描界限寄存器	0x0b
亮度控制寄存器	0x0a
关断模式寄存器	0x0c
显示测试寄存器	0x0f

译码控制寄存器（0x09）：MAX7219 的译码控制寄存器译码表如表 4.2 所示，MAX7219（数码管显示模块内的一个芯片）有两种译码方式：B 译码方式和不译码方式。当选择不译码方式时，8 个数据位分别对应 7 个段和小数点位。B 译码方式采用 BCD 译码，直接发送数据就可以显示。在实际应用中可以按位设置，选择 B 译码方式或不译码方式。

表 4.2　MAX7219 译码控制寄存器译码表

译 码 模 式	寄存器设置								十六进制码
	D7	D6	D5	D4	D3	D2	D1	D0	
8 位都无须译码	0	0	0	0	0	0	0	0	0x00
0 位采用 B 译码方式 其他位（1～7）不译码	0	0	0	0	0	0	0	1	0x01
0～3 位采用 B 译码方式 其他位不译码	0	0	0	0	1	1	1	1	0x0f
8 位都采用 B 译码方式	1	1	1	1	1	1	1	1	0xff

扫描界限寄存器（0x0b）：MAX7219 扫描界限控制寄存器设置如表 4.3 所示，此寄存器用于设置 LED 显示的个数（1～8），如当将其值设置为 0x04 时，LED 0～4 显示。

表 4.3　MAX7219 扫描界限控制寄存器设置

显 示 方 式	编 码 设 置								十六进制码
	D7	D6	D5	D4	D3	D2	D1	D0	
只显示 0 位	X	X	X	X	X	0	0	0	0xX0
显示 0 和 1 位	X	X	X	X	X	0	0	1	0xX1
显示 0，1，2 位	X	X	X	X	X	0	1	0	0xX2
显示 0，1，2，3 位	X	X	X	X	X	0	1	1	0xX3
显示 0，1，2，3，4 位	X	X	X	X	X	1	0	0	0xX4
显示 0，1，2，3，4，5 位	X	X	X	X	X	1	0	1	0xX5
显示 0，1，2，3，4，5，6 位	X	X	X	X	X	1	1	0	0xX6
显示 0，1，2，3，4，5，6，7 位	X	X	X	X	X	1	1	1	0xX7

亮度控制寄存器（0x0a）：该寄存器共有 16 级可选择，用于设置 LED 的显示亮度，设置范围为 0xX0～0xXf。

关断模式寄存器（0x0c）：该寄存器共有两种模式选择，一是关断状态（D0=0），二是正常工作状态（D0=1）。

显示测试寄存器（0x0f）：该寄存器用于设置 LED 是处于测试状态还是处于正常工作状态。当 D0=1 时，设置为测试状态，各位全亮。当 D0=0 时，设置为正常工作状态。

（2）8 位八段数码管读/写时序说明

MAX7129 采用 SPI 总线驱动方式，在使用时不仅要向寄存器写入控制字，还需要读取相应寄存器的数据。要实现与 MAX7129 的通信，首先要了解 MAX7129 的控制字。MAX7129 的控制字格式如表 4.4 所示。

表 4.4　MAX7129 的控制字格式

D15	D14	D13	D12	D11	D10	D9	D8	D7	D6	D5	D4	D3	D2	D1	D0
X	X	X	X	ADDRESS				MSB	DATA						LSB

MAX7129 规定，一次接收 16 位数据，在接收的 16 位数据中，D15～D12 与操作无关，可以任意写入，D11～D8 决定所选通的内部寄存器地址，D7～D0 为待显示数据或初始化控制字。在 CLK 脉冲作用下，DIN 的数据以串行方式依次移入内部 16 位寄存器中，然后在一个 LOAD 上升沿作用下，锁存到内部的寄存器中。注意，在接收时，先接收最高位 D15，最后接收 D0，因此，程序发送时必须先发送高位数据，再循环移位。数据读/写时序如图 4.2 所示。

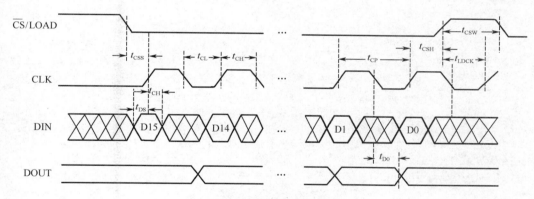

图 4.2　数据读/写时序

根据外接模块与单片机之间的数据读/写时序编写外接模块的驱动程序是单片机应用开发工程师所需掌握的核心技能。下面就根据图 4.2 所示的 8 位八段数码管数据读/写时序来编写其驱动程序。

由于 C 语言教学板采用 8 位单片机，故需要分两次来发送数据，具体驱动测试程序如下。

```
#include <AT89X52.h>
//引脚定义
sbit LOAD=P1^2;                    //MAX7219 片选 12 引脚
sbit DIN=P1^3;                     //MAX7219 串行数据 1 引脚
sbit CLK=P1^4;                     //MAX7219 串行时钟 13 引脚
//寄存器宏定义
#define DECODE_MODE      0x09      //译码控制寄存器
#define INTENSITY        0x0a      //亮度控制寄存器
#define SCAN_LIMIT       0x0b      //扫描界限寄存器
#define SHUT_DOWN        0x0c      //关断模式寄存器
#define DISPLAY_TEST     0x0f      //显示测试寄存器
//函数声明
```

```c
void Write7219(unsigned char address,unsigned char dat);
void Initial(void);

//地址、数据发送子程序
void Write7219(unsigned char address,unsigned char dat)
{
    unsigned char i;
    LOAD=0;                          //拉低片选线电平，选中器件
    //发送地址
    for (i=0;i<8;i++)                //循环移位 8 次
    {
        CLK=0;                       //清零时钟总线
        DIN=(bit)(address&0x80);     //每次取高字节
        address<<=1;                 //左移一位
        CLK=1;                       //在时钟上升沿，发送地址
    }
    //发送数据
    for (i=0;i<8;i++)
    {
        CLK=0;
        DIN=(bit)(dat&0x80);
        dat<<=1;
        CLK=1;                       //在时钟上升沿，发送数据
    }
    LOAD=1;                          //发送结束，上升沿锁存数据
}
//MAX7219 初始化，设置 MAX7219 内部的控制寄存器
void Initial(void)
{
    Write7219(SHUT_DOWN,0x01);       //开启正常工作模式（0xX1）
    Write7219(DISPLAY_TEST,0x00);    //选择工作模式（0xX0）
    Write7219(DECODE_MODE,0xff);     //选用全译码模式
    Write7219(SCAN_LIMIT,0x07);      //8 个 LED 全用
    Write7219(INTENSITY,0x04);       //设置初始亮度
}

void main(void)
{
    unsigned char i;
    Initial();                       //MAX7219 初始化
    while(1)
    {
        for(i=1;i<9;i++)
        {
            Write7219(i,i);          //数码管显示 1～8
        }
    }
}
```

图 4.3 所示为驱动测试程序运行效果。

（3）扩展学习板简介

扩展学习板用于扩展 C 语言教学板的接线空间，在扩展学习板上有 1 个面包板，预留有两个 10Pin 扁平的外接口、两个 24Pin 扁平的外接口及其他外接口。图 4.4 所示为拓展学习板实物图。扩展学习板上没有任何电子元器件，这里仅用它来固定 8 位八段数码管。

图 4.3　驱动测试程序运行效果

图 4.4　扩展学习板实物图

简易秒表的制作与程序设计

（1）T2 的设置和中断说明

T2 设置：EA=1，开启总中断；T2MOD = 0x00，设定定时器工作方向为向上计数方式；T2CON = 0x00，设定溢出自动重装方式；RCAP2H = (65536-46080)/256，T2 高位初始化；RCAP2L = (65536-46080)%256，T2 低位初始化；将 T2 设置为每 50ms 自动初始化一次，再重新计时。

在本任务中，T2 用于中断计时，当 TR2 = ET2 = 1 时，开启 T2 的中断功能。每 50ms 中断一次，每次中断发生后就进入中断函数（Time2_1s(void) interrupt 5 using 3），并执行中断函数内的所有语句。

（2）简易秒表的制作

将扩展学习板安装在小车后端，图 4.5 所示为扩展学习板在小车上的安装效果。

把 8 位八段数码管显示模块安装在扩展学习板上，8 位八段数码管显示模块与 C 语言教学板的连接方式如表 4.5 所示。图 4.6 所示为 8 位八段数码管显示模块与 C 语言教学板的连接实物图。

图 4.5　扩展学习板在小车上的安装效果

表 4.5　8 位八段数码管显示模块与 C 语言教学板的连接方式

8 位八段数码管显示模块	C 语言教学板
CLK	P14
DIN	P13
LOAD	P12
5V	VDD
GND	GND

（3）简易秒表的程序设计

秒表分为秒部分和分部分。秒部分用于秒计时，分部分是秒部分的补充，当计时超过 59s 时，分部分加 1。这里设计的简易秒表最大计时时间是 1h，精度为 1s。

图 4.7 所示为简易秒表程序运行效果，左边显示 00 的部分是分部分，右边显示 08 的部分是秒部分。

图 4.6　8 位八段数码管显示模块与 C 语言
教学板的连接实物图

图 4.7　简易秒表的程序设计运行效果

简易秒表的程序代码如下。

```c
#include <AT89X52.h>

//引脚定义
sbit LOAD=P1^4;                        //MAX7219 片选 12 引脚
sbit DIN=P1^3;                         //MAX7219 串行数据 1 引脚
sbit CLK=P1^2;                         //MAX7219 串行时钟 13 引脚
//寄存器宏定义
#define DECODE_MODE        0x09        //译码控制寄存器
#define INTENSITY          0x0a        //亮度控制寄存器
#define SCAN_LIMIT         0x0b        //扫描界限寄存器
#define SHUT_DOWN          0x0c        //关断模式寄存器
#define DISPLAY_TEST       0x0f        //显示测试寄存器
#define uchar unsigned char
#define uint   unsigned int

//函数声明
void Write7219(unsigned char address,unsigned char dat);
void Initial(void);

uchar Time2_counter=0;
uchar seconds=0,points=0;
/*==================================================================
    函数名:Time2_init()
    功    能:T2 初始化，作为定时器
================================================================*/
void Time2_init(void)
{
    EA = 1;
    T2MOD = 0x00;
    T2CON = 0x00;
    RCAP2H = (65536-46080)/256;        //定时 50ms
    RCAP2L = (65536-46080)%256;
    TR2 = ET2 = 1 ;

}

//地址、数据发送子程序
void Write7219(unsigned char address,unsigned char dat)
{
    unsigned char i;
```

```
        LOAD=0;                              //拉低片选线，选中器件
        //发送地址
        for (i=0;i<8;i++)                    //循环移位 8 次
        {
            CLK=0;                           //清零时钟总线
            DIN=(bit)(address&0x80);         //每次取高字节
            address<<=1;                     //左移一位
            CLK=1;                           //在时钟上升沿，发送地址
        }
        //发送数据
        for (i=0;i<8;i++)
        {
            CLK=0;
            DIN=(bit)(dat&0x80);
            dat<<=1;
            CLK=1;                           //在时钟上升沿，发送数据
        }
        LOAD=1;                              //发送结束，在上升沿锁存数据
}
//MAX7219 初始化，设置 MAX7219 内部的控制寄存器
void Initial(void)
{
    Write7219(SHUT_DOWN,0x01);       //开启正常工作模式（0xX1）
    Write7219(DISPLAY_TEST,0x00);    //选择工作模式（0xX0）
    Write7219(DECODE_MODE,0xff);     //选用全译码模式
    Write7219(SCAN_LIMIT,0x07);      //8 个 LED 全用
    Write7219(INTENSITY,0x04);       //设置初始亮度
}


void main(void)
{
    uchar led1,led2,led3,led4,led5,led6,led7,led8;
    Initial();                       //MAX7219 初始化
    Time2_init();
    led1='_';led2='_';
    led7='_';led8='_';
    Write7219(1,led1);               //数码管显示
    Write7219(4,led2);               //数码管显示
    Write7219(5,led7);               //数码管显示
    Write7219(8,led8);               //数码管显示

    while(1)
    {
        //提取分部分数值，用于在数码管上显示
        led3=points%100/10;
        led4=points%10;
        //数码管分部分数值的显示
        Write7219(2,led3);
        Write7219(3,led4);

        //提取秒部分数值，用于在数码管上显示
```

```
        led5=seconds%100/10;
        led6=seconds%10;
        //数码管秒部分数值的显示
        Write7219(6,led5);
        Write7219(7,led6);
    }
}

void Time2_1s(void) interrupt 5 using 3
{
    TF2=0;                          //T2 的中断标志不会自动清除
    Time2_counter++ ;
    if(Time2_counter == 20 )
    {
        Time2_counter=0;
        seconds++;
        if(seconds==60)
        {
            seconds=0;
            points++;
        }
    }
}
```

任务 4.2　裁判机器人的制作——测量选手的反应时间

裁判机器人的制作要求

本任务所需的元器件包括：按键 1 个、LED 1 个、1kΩ电阻 1 个、LCD1602 1 个、AT89S52 教学机器人 1 套、导线若干。

本任务要求利用 LED、按键、LCD1602 测量选手的反应时间。具体要求：选手看到 LED 亮时按下按键，单片机计算从 LED 开始亮到按键被按下的这段时间的时长，并将时长显示在 LCD 上。本任务类似于电视节目中的抢答器，当选手看到 LED 亮时便按下按键，反应时间最短的选手获得答题权。

裁判机器人的外围电路原理图如图 4.8 所示。

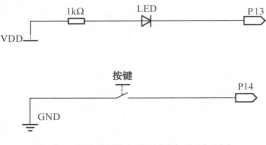

图 4.8　裁判机器人的外围电路原理图

LCD1602 与 C 语言教学板的 JP7 扁平 Pin 口相连，具体连接方式请参考第 2 章。

图 4.9 为完成的电路连接实物图。

测量选手反应时间的程序

（1）T0 的设置和中断函数

T0 设置如下：TMOD|=0x01，设置 T0 采用工作方式 Mode1；TH0=(65536-917)/256，T0 高位装初值；TL0=(65536-917)%256，T0 低位装初值；EA=1，开总中断；ET0=1，开 T0 中断；TR0=1，启动 T0。

图 4.9　完成的电路连接实物图

中断函数(T0_time() interrupt 1)的设置：TH0=(65536-917)/256，T0 高位重装初值；TL0=(65536-917)%256，T0 低位重装初值；number++，反应时间记录变量自增。

选手按下按键后的程序代码如下。

```
if(key==0)                    //如果按键被按下
{
    ET0=0;                    //关 T0 中断
    TR0=0;                    //关 T0
    EA=0;                     //关总中断
}
```

程序测试效果如下。启动小车电源如图 4.10 所示；在程序运行 4s 后 LED 亮如图 4.11 所示；LCD 显示选手的反应时间如图 4.12 所示。

图 4.10　启动小车电源

图 4.11　在程序运行 4s 后 LED 亮

图 4.12　LCD 显示选手的反应时间

（2）编写程序

测量选手反应时间的程序如下。

```
#include <AT89X52.h>
#include <BoeBot.h>
#include"LCDDISPNUM.H"

#define LED P1_3
sbit    key=P1^4;
int number=0;

void init_time1()
{
    TMOD|=0x01;                      //设置 T0 采用 Mode1 工作方式
    TH0=(65536-917)/256;            //装初值 11.0592MHz，设置每 1ms 进行一次中断
    TL0=(65536-917)%256;
    EA=1;                           //开总中断
    ET0=1;                          //开 T0 中断
    TR0=1;                          //启动 T0
}

void main()
{
    LCM_Init();
    LED=1;
    key=1;
    Display_List_Char(0,2 ,"Reaction time test" );     //在 LCD 上显示提示语句
    delay_nms(4000);
    LED=0;
    init_time1();
    while(1)
    {
        if(key==0)
            break;
    }
    while(1)
    {
        Display_List_Char(0,0,"reaction time:");
        DispIntNum(number,1,6);
        Display_List_Char(1,14,"ms");
    }
}

void T0_time() interrupt 1
{
    TH0=(65536-917)/256;                    //重装初值
    TL0=(65536-917)%256;
    number++;
    if(key==0)
    {
        ET0=0;
        TR0=0;
        EA=0;
    }
}
```

将这段测量选手反应时间的程序下载到单片机中进行测试。显然，这个程序与真正能够作为产品的程序相差甚远！因为程序在开始运行后，固定延时 4s 后点亮 LED，这样人们就可

以预测 LED 的点亮时间，而无须看到 LED 亮再按下按键，测得的时间并不是选手的真实反应时间。

请你想办法改写程序，真实地测量选手的反应时间！

任务 4.3 具有简单设置功能的计时机器人制作

在任务 4.1 中，我们完成了用 8 位八段数码管制作简易秒表的任务，但制作的秒表只能计时，不能设置起始时间。在本任务中，我们将引入输入设备，用于在程序运行时把原始数据或待处理数据输入计算机中。在日常生活中，常见的人机交互设备有鼠标、键盘、摄像头、扫描仪、游戏杆等。本任务将介绍如何利用 4×4 矩阵键盘制作一个计时器的输入设备，用于时间设置。

本任务所需元器件包括：4×4 矩阵键盘 1 个、1kΩ电阻 4 个、8 位八段数码管 1 个、10Pin扁平电缆 1 根、AT89S52 教学机器人 1 套、导线若干。

本任务要求利用 4×4 矩阵键盘完成对计时器的设置，如设置计时器停止计时的终止时间。数码管能够进行分和秒的实时计时显示，其显示时间每秒更新一次。当计时到矩阵键盘设定的终止时间时，计时器停止计时，数码管显示设定的终止时间。

4×4 矩阵键盘简介

键盘由一系列按键开关组成，它是一种常见的输入设备。用户可以通过键盘向程序输入数据、地址和命令。键盘上的每个按键都被赋予了一个代码，即键码。比较常见的键盘是矩阵式键盘，它的按键采用矩阵式排列，各键处于矩阵行与列的交点处。程序通过对连在行（列）上的 I/O 线发送已知电平信号，然后读取列（行）的状态信息，逐线扫描，得出键码。矩阵式键盘具有按键较多且占用 I/O 线较少的优点，但判断键码的速度较慢，因此只适用于键数不多的场合。

4×4 矩阵键盘实物图如图 4.13 所示，它有 16 个按键，其键盘排列方式是 4×4，是由 4 行和 4 列按键构成的矩阵。4×4 矩阵键盘原理图如图 4.14 所示，由下到上将行编号为行 0、行 1、行 2、行 3，由左到右将列编号为列 0、列 1、列 2、列 3。各按键的功能对应按键下方所描述的功能，如 K0 键的功能是产生数字 0。需要特别说明一下非数字功能的按键，如 K10 键的功能是使数码管数字光标向左移一位，K11 键的功能是使数码管数字光标向右移一位，K15 键的功能是停止设置，开始计时。

图 4.13 4×4 矩阵键盘实物图

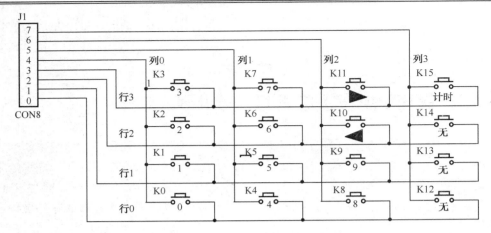

图 4.14 4×4 矩阵键盘原理图

矩阵键盘电路和数码管电路

（1）矩阵键盘电路

图 4.15 所示为 4×4 矩阵键盘与 C 语言教学板的连接电路图，从图中可以看出，矩阵键盘的行 0～行 3 的一端分别与 C 语言教学板的 P00～P03 连接，列 0～列 3 分别与 C 语言教学板的 P04～P07 连接。行 0～行 3 的另一端先与 10kΩ 的电阻连接，再连接到 5V 的电源上。表 4.6 给出了 4×4 矩阵键盘与 C 语言教学板的引脚连接方式。

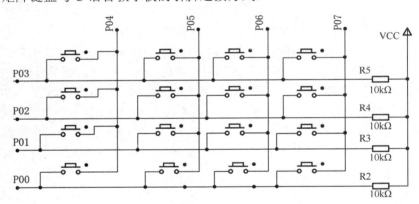

图 4.15 4×4 矩阵键盘与 C 语言教学板的连接电路图

表 4.6 4×4 矩阵键盘与 C 语言教学板的引脚连接方式

键 盘 行	C 语言教学板引脚	键 盘 列	C 语言教学板引脚
行 0	P00	列 0	P04
行 1	P01	列 1	P05
行 2	P02	列 2	P06
行 3	P03	列 3	P07

（2）8 位八段数码管连接电路

8 位八段数码管与 C 语言教学板的引脚连接方式如表 4.7 所示，与任务 4.2 中的连接方式不同。

表 4.7　8 位八段数码管与 C 语言教学板的引脚连接方式

8 位八段数码管引脚	C 语言教学板引脚
LOAD	P24
CLK	P22
DIN	P23
5V	5V
GND	GND

数码管显示的时间由两部分构成，一部分是分部分，另一部分是秒部分。两部分的位置与日常生活中时间的显示方式相同，即左边显示分部分，右边显示秒部分，例如，用 8 位八段数码管显示 0 分 45 秒，其效果如图 4.16 所示。

矩阵键盘编码和扫描程序说明

图 4.16　0 分 45 秒的 8 位八段数码管显示效果

（1）矩阵键盘编码

4×4 矩阵键盘共有 16 个按键，矩阵键盘的行和列与 C 语言教学板的 P0 端口相连。每个按键有唯一对应的行值和列值。确定被按下按键的行值和列值的方法是：首先给予 j(j=0,1,2,3) 列低电平，其他列高电平，然后轮流检测 4 行中是否有哪一行为低电平，若第 i(i=0,1,2,3) 行为低电平，则被按下的按键的行值和列值为 i 和 j。若未发现任何一行为低电平，则再回到第一步，一直这样循环扫描矩阵键盘。矩阵键盘扫描的流程图如图 4.17 所示。

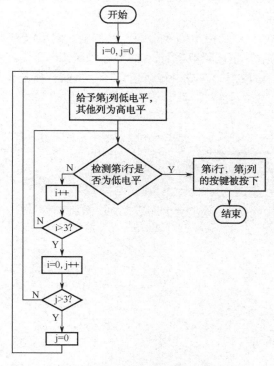

图 4.17　矩阵键盘扫描流程图

由于键盘的行和列与 C 语言教学板的 P0 端口相连,键盘上的每个按键对应唯一的行值和列值，因此扫描到的 P0 端口编码与行值、列值一样，和按键是一一对应的。为了便于识别读取的行值，对低位编号做取反处理。表 4.8 所示为 P0 端口的键码。

表 4.8　P0 端口的键码

按 键 名	按键行值	按键列值	（低）P00 P01 P02 P03	（高）P04 P05 P06 P07
K0	0	0	1　0　0　0	0　1　1　1
K1	1	0	0　1　0　0	0　1　1　1
K2	2	0	0　0　1　0	0　1　1　1
K3	3	0	0　0　0　1	0　1　1　1
K4	0	1	1　0　0　0	1　0　1　1
K5	1	1	0　1　0　0	1　0　1　1
K6	2	1	0　0　1　0	1　0　1　1
K7	3	1	0　0　0　1	1　0　1　1
K8	0	2	1　0　0　0	1　1　0　1
K9	1	2	0　1　0　0	1　1　0　1
K10	2	2	0　0　1　0	1　1　0　1
K11	3	2	0　0　0　1	1　1　0　1
K12	0	3	1　0　0　0	1　1　1　0
K13	1	3	0　1　0　0	1　1　1　0
K14	2	3	0　0　1　0	1　1　1　0
K15	3	3	0　0　0　1	1　1　1　0

（2）矩阵键盘扫描程序

首先确定键盘的行和列与 C 语言教学板的连接方式，再定义键盘列扫描码。scanner()函数用于实现键盘按键扫描，首先按照数组 scan 的列扫描码给予第 col 列低电平，再读取 KEYP 低 4 位的值，并对读取的值取反。在获得行值信息后，判断行值是否为 0。若不为 0，则该行按键被按下，由此判断按键的位置，并返回按键的位置信息；若为 0，则继续扫描其他行列的按键。按键扫描程序如下。

```
#define   KEYP   P0                    //定义按键连接到 P0
uchar scan[4]={0xef,0xdf,0xbf,0x7f};   //键盘列扫描码
uchar scanner(void)                    //扫描函数
{
    uchar col,row,rowkey,kcode=16;
    //声明变量（col 列，row 行，rowkey 行键值，kcode 按键码）
    for(col=0;col<4;col++)             //for 循环，扫描第 col 列
    {
        KEYP=scan[col];               //高 4 位输出扫描信号，低 4 位输入行值
        rowkey=~KEYP & 0x0f;          //读入 KEYP 低 4 位，反相后再清除高 4 位求出行键值
        if(rowkey!=0)                 //若有按键被按下
        {
            delay_nms(10);
            //延迟 10ms 后再判断按键是否被按下，防止机械振动
            if(rowkey!=0)
            {
                if(rowkey==0x01)      row=0;    //若第 0 行被按下
                else if(rowkey==0x02) row=1;    //若第 1 行被按下
```

```
        else if(rowkey==0x04) row=2;          //若第 2 行被按下
        else if(rowkey==0x08) row=3;          //若第 3 行被按下
        kcode=4*col+row;                      //给键码赋值
        while(rowkey!=0)                      //当按键未被松开时，再读入行键值
            rowkey=～KEYP & 0x0f;             //直到按键被松开才退出循环
            }
        }
    }
    return kcode;
}
```

键盘接口程序的实现

（1）程序实现功能说明

下面结合图 4.14 所示的 4×4 矩阵键盘原理图介绍键盘接口技术。程序通过扫描矩阵键盘确定按键所在的行和列，并显示图 4.14 标出的按键标号。按键在启动的初始状态时，键盘中的数字键用于设置分的十位数字，该数字不能超过 5，当输入超过 5 时，分的十位数字默认是 5，在数码管上显示的分的十位数字也是 5。键盘中的非数字键有 3 个，分别为 K10、K11 和 K15，K10 和 K11 键用于将计时器设置位左右移动，如当前设置的是分的十位数字，若要设置分的个位数字，则按 K11 键一次，设置位将右移一位到分的个位，此时就可以对分的个位数字做设置了。K10 键用于左移操作，操作效果与 K11 键相似，只是方向相反而已。秒的十位数字与分的十位数字一样，不能超过 5，当超过 5 时，秒的十位数字默认是 5，且在数码管上显示的秒的十位数字是 5。K15 键用于确认设置结束，并确认计时器开始计时，同时数码管显示归零，重新显示计时。键盘操作效果图如下。机器人开机数码管显示如图 4.18 所示；设置分的十位数字并右移一位如图 4.19 所示；设置分的个位数字并右移一位如图 4.20 所示；设置秒的十位数字并右移一位如图 4.21 所示；设置秒的个位数字如图 4.22 所示；按下开始计时按钮如图 4.23 所示。

图 4.18　机器人开机数码管显示

图 4.19　设置分的十位数字并右移一位

图 4.20　设置分的个位数字并右移一位

图 4.21　设置秒的十位数字并右移一位

图 4.22　设置秒的个位数字

图 4.23　按下开始计时按钮

（2）带键盘接口的机器人计时器程序

带键盘接口的机器人计时器程序如下。

```c
#include <AT89X52.h>
#include <BoeBot.h>

#define   KEYP    P0              //定义按键连接到 P0 端口
#define uchar unsigned char
#define uint   unsigned int

uchar scan[4]={0xef,0xdf,0xbf,0x7f};   //键盘列扫描码

//8 位八段数码管控制引脚定义
sbit LOAD=P2^4;                   //MAX7219 片选 12 引脚
sbit CLK=P2^2;                    //MAX7219 串行时钟 13 引脚
sbit DIN=P2^3;                    //MAX7219 串行数据 1 引脚

//8 位八段数码管控制寄存器宏定义
#define DECODE_MODE   0x09        //译码控制寄存器
#define INTENSITY     0x0a        //亮度控制寄存器
#define SCAN_LIMIT    0x0b        //扫描界限寄存器
#define SHUT_DOWN     0x0c        //关断模式寄存器
#define DISPLAY_TEST  0x0f        //显示测试寄存器

//函数声明
void Write7219(unsigned char address,unsigned char dat);
void Initial(void);

uchar Time2_counter=0;
uchar seconds=0,points=0,Limit_seconds=0,Limit_points=0;
/*==============================================================
    函数名:Time2_init()
    功    能:T2 初始化，作为定时器
================================================================*/
void Time2_init(void)
{
    TMOD = 0x01;
    TH0 = (65536-45872)/256;      //定时 50ms
    TL0 = (65536-45872)%256;
    EA = 1;
    ET0 =1;
    TR0 =1;
}
```

```
//8 位八段数码管地址、数据发送子程序
void Write7219(unsigned char address,unsigned char dat)
{
    unsigned char i;
    LOAD=0;                          //拉低片选线电平，选中器件
    //发送地址
    for (i=0;i<8;i++)                //循环移位 8 次
    {
        CLK=0;                       //清零时钟总线
        DIN=(bit)(address&0x80);     //每次取高字节
        address<<=1;                 //左移一位
        CLK=1;                       //时钟上升沿，发送地址
    }
    //发送数据
    for (i=0;i<8;i++)
    {
        CLK=0;
        DIN=(bit)(dat&0x80);
        dat<<=1;
        CLK=1;                       //时钟上升沿，发送数据
    }
    LOAD=1;                          //发送结束，上升沿锁存数据
}

//MAX7219 初始化，设置 MAX7219 内部的控制寄存器
void Initial(void)
{
    Write7219(SHUT_DOWN,0x01);       //开启正常工作模式（0xX1）
    Write7219(DISPLAY_TEST,0x00);    //选择工作模式（0xX0）
    Write7219(DECODE_MODE,0xff);     //选用全译码模式
    Write7219(SCAN_LIMIT,0x07);      //8 个 LED 全用
    Write7219(INTENSITY,0x04);       //设置初始亮度
}

uchar scanner(void)                  //扫描函数
{
    uchar col,row,rowkey,kcode=16;
    //声明变量（col 列，row 行，rowkey 行键值，kcode 按键码）
    for(col=0;col<4;col++)           //for 循环，扫描第 col 列
    {
        KEYP=scan[col];              //高 4 位输出扫描信号，低 4 位输入行值
        rowkey=~KEYP & 0x0f;         //读入 KEYP 低 4 位，反相后再清除高 4 位求出行键值
        if(rowkey!=0)                //若有按键被按下
        {
            delay_nms(10);
            //延迟 10ms 后再判断按键是否被按下，防止机械振动
            if(rowkey!=0)
            {
                if(rowkey==0x01)     row=0;    //若第 0 行被按下
                else if(rowkey==0x02) row=1;   //若第 1 行被按下
                else if(rowkey==0x04) row=2;   //若第 2 行被按下
                else if(rowkey==0x08) row=3;   //若第 3 行被按下
                kcode=4*col+row;               //给键码赋值
                while(rowkey!=0)               //当按键未被松开时，再读入行键值
                    rowkey=~KEYP & 0x0f;       //直到按键被松开才退出循环
            }
```

```
                delay_nms(4);                                    //延迟 4ms
            }
        }
        return kcode;
    }

    void main(void)
    {
        uchar led2,led3,led6,led7;
        //led2 用于显示分的十位，led3 用于显示分的个位，led6 用于显示秒的十位，led7 用于显示秒的
个位
        uchar disp,shift;                       //disp 通过按键号控制数码管初值输入变量
        Initial();                              //MAX7219 初始化

        Write7219(1,'_');                       //数码管显示
        Write7219(2,0);                         //分部分默认初值为 0
        Write7219(3,0);
        Write7219(4,'_');                       //数码管显示
        Write7219(5,'_');                       //数码管显示
        Write7219(6,0);                         //秒部分默认初值为 0
        Write7219(7,0);
        Write7219(8,'_');                       //数码管显示
        shift=2;

        while(1)
        {
            disp=scanner();
            switch(disp)
            {
                case 0:
                case 1:
                case 2:
                case 3:
                case 4:
                case 5:
                case 6:
                case 7:
                case 8:
                case 9:
                    if((shift==2 ||shift==6) && disp>5)
                    //当键盘输入的分和秒的十位数字超过 5 时，输入值默认为 5
                    {
                        Write7219(shift,5);
                        switch(shift)
                        {
                            case 2:Limit_points=10*5+(Limit_points%10); break;
                            case 6:Limit_seconds=10*5+(Limit_seconds%10); break;
                        }
                    }
                    else                          //其他则正常输入
                    {
                        Write7219(shift,disp);
```

```
                switch(shift)
                {
                        case 2:Limit_points=10*disp+(Limit_points%10); break;
                        case 3:Limit_points=(Limit_points/10)*10+disp; break;
                        case 6:Limit_seconds=10*disp+(Limit_seconds%10); break;
                        case 7:Limit_seconds=(Limit_seconds/10)*10+disp; break;
                }
        }
        break;
    case 10:
                switch(shift)
                {
                        case 2:shift=3;
                                Write7219(3,':');
                                Write7219(2,Limit_points/10);
                                break;
                        case 3:shift=6;
                                Write7219(6,':');
                                Write7219(3,Limit_points%10);
                                break;
                        case 6:shift=7;
                                Write7219(7,':');
                                Write7219(6,Limit_seconds/10);
                                break;
                        case 7:shift=2;
                                Write7219(2,':');
                                Write7219(7,Limit_seconds%10);
                                break;
                }
                break;
    case 11:
                switch(shift)
                {
                        case 2:shift=7;
                                Write7219(7,':');
                                Write7219(2,Limit_points/10);
                                break;
                        case 3:shift=2;
                                Write7219(2,':');
                                Write7219(3,Limit_points%10);
                                break;
                        case 6: shift=3;
                                Write7219(3,':');
                                Write7219(6,Limit_seconds/10);
                                break;
                        case 7: shift=6;
                                Write7219(6,':');
                                Write7219(7,Limit_seconds%10);
```

```c
                                    break;
                        }
                break;
        }

        if(disp==15)
                break;
    }

    Time2_init();

    while(1)
    {
        //提取分值，用于在数码管中显示
        led2=points%100/10;
        led3=points%10;

        //在数码管中分的显示
        Write7219(2,led2);
        Write7219(3,led3);

        //提取秒数值，用于在数码管中显示
        led6=seconds%100/10;
        led7=seconds%10;

        //在数码管中秒的显示
        Write7219(6,led6);
        Write7219(7,led7);
    }
}

void Time0_1s(void) interrupt 1
{
    TH0 = (65536-45872)/256;                 //重装初值
    TL0 = (65536-45872)%256;
    Time2_counter++ ;
    if(Time2_counter == 20 )
    {
        Time2_counter=0;
        seconds++;
        if(seconds>=60)
        {
            seconds=0;
            points++;
        }
        if(points>=Limit_points && seconds>=Limit_seconds)
        {
            EA = 0;
```

```
                    TR0 = ET0 = 0 ;
            }
        }

    }
```

任务 4.4　具有简单设置功能的时钟机器人制作

本任务所需元器件包括：4×4 矩阵键盘 1 个、1kΩ 电阻 4 个、8 位八段数码管 1 个、10Pin 扁平电缆 1 根、AT89S52 教学机器人 1 套、导线若干。

本任务要求利用 8 位八段数码管显示时钟的时、分和秒，并用 4×4 矩阵键盘对时钟的起始时间按照时、分、秒进行设置。在设置完成后，按下 K15 键，机器人从设置的时间点开始计时，并在数码管上显示每次更新的时间，时间每秒更新一次。

时钟机器人的设计思路

本任务的硬件连接电路和任务 4.3 完全相同。任务 4.3 制作的是具有简单设置功能的计时机器人，其计时功能只有分和秒两部分。本任务要制作的是具有起始时间设置功能的时钟机器人，包含时、分和秒三部分。在任务 4.3 程序的基础上，增加时的显示功能，数码管的显示由两部分改为三部分。数码管从左到右依次显示时、分、秒。时、分、秒之间各由一个不显示的数码管隔开，数码管显示时间初始化如图 4.24 所示。按键操作分为数字按键操作、左右移位操作、终止操作、计时开始操作等。这些操作与任务 4.3 相同。机器人程序运行及键盘操作的效果图如下：设置时的操作效果如图 4.25 所示；设置分的操作效果如图 4.26 所示；设置秒的操作效果如图 4.27 所示；设置时、分和秒完成的效果如图 4.28 所示；开始计时的效果如图 4.29 所示。

图 4.24　数码管显示时间初始化

图 4.25　设置时的操作效果

图 4.26　设置分的操作效果

图 4.27　设置秒的操作效果

机器人制作与开发（单片机技术及应用）（第 2 版）

图 4.28　设置时、分和秒完成的效果　　　　　图 4.29　开始计时

时钟机器人的程序实现

具有简单设置功能的时钟机器人的程序如下。

```c
#include <AT89X52.h>
#include <BoeBot.h>

#define   KEYP    P1              //定义按键连接到 P1 端口
#define uchar unsigned char
#define uint    unsigned int

uchar scan[4]={0xef,0xdf,0xbf,0x7f};    //键盘列扫描码
//引脚定义
sbit LOAD=P2^4;                   //MAX7219 片选 12 引脚
sbit CLK=P2^2;                    //MAX7219 串行时钟 13 引脚
sbit DIN=P2^3;                    //MAX7219 串行数据 1 引脚

//寄存器宏定义
#define DECODE_MODE      0x09     //译码控制寄存器
#define INTENSITY        0x0a     //亮度控制寄存器
#define SCAN_LIMIT       0x0b     //扫描界限寄存器
#define SHUT_DOWN        0x0c     //关断模式寄存器
#define DISPLAY_TEST     0x0f     //显示测试寄存器

//函数声明
void Write7219(unsigned char address,unsigned char dat);
void Initial(void);

uchar Time2_counter=0;
uchar seconds=0,points=0,hours=0;
/*=================================================
    函数名:Time2_init()
    功　能:T2 初始化，作为定时器
=================================================*/
void Time2_init(void)
{
    TMOD = 0x01;
    TH0 = (65536-45872)/256;      //定时 50ms
    TL0 = (65536-45872)%256;
    EA = 1;
    ET0 =1;
    TR0 =1;
}

//地址、数据发送子程序
void Write7219(unsigned char address,unsigned char dat)
```

· 76 ·

```
{
    unsigned char i;
    LOAD=0;                              //拉低片选线电平，选中器件
    //发送地址
    for (i=0;i<8;i++)                    //循环移位 8 次
    {
        CLK=0;                           //清零时钟总线
        DIN=(bit)(address&0x80);         //每次取高字节
        address<<=1;                     //左移一位
        CLK=1;                           //时钟上升沿，发送地址
    }
    //发送数据
    for (i=0;i<8;i++)
    {
        CLK=0;
        DIN=(bit)(dat&0x80);
        dat<<=1;
        CLK=1;                           //时钟上升沿，发送数据
    }
    LOAD=1;                              //发送结束，上升沿锁存数据
}
//MAX7219 初始化，设置 MAX7219 内部的控制寄存器
void Initial(void)
{
    Write7219(SHUT_DOWN,0x01);           //开启正常工作模式（0xX1）
    Write7219(DISPLAY_TEST,0x00);        //选择工作模式（0xX0）
    Write7219(DECODE_MODE,0xff);         //选用全译码模式
    Write7219(SCAN_LIMIT,0x07);          //8 个 LED 全用
    Write7219(INTENSITY,0x04);           //设置初始亮度
}


uchar scanner(void)                      //扫描函数
{
    uchar col,row,rowkey,kcode=16;
    //声明变量（col：表示列，row：表示行，rowkey：表示行键值，kcode：表示按键码）
    for(col=0;col<4;col++)               //for 循环，扫描第 col 列
    {
        KEYP=scan[col];                  //高 4 位输出扫描信号，低 4 位输入行值
        rowkey=~KEYP & 0x0f;
        //读入 KEYP 低 4 位，反相后再清除高 4 位求出行键值
        if(rowkey!=0)                    //若有按键被按下
        {
            delay_nms(10);
            //延迟 10ms 后再判断按键是否被按下，防止机械振动
            if(rowkey!=0)
            {
                if(rowkey==0x01)         row=0;    //若第 0 行被按下
                else if(rowkey==0x02)    row=1;    //若第 1 行被按下
                else if(rowkey==0x04)    row=2;    //若第 2 行被按下
                else if(rowkey==0x08)    row=3;    //若第 3 行被按下
                kcode=4*col+row;                   //给键值码赋值
                while(rowkey!=0)                   //当按键未被松开时，再读入行键值
                    rowkey=~KEYP & 0x0f;           //直到按键被松开才退出循环
            }
        }
    }
```

```
        return kcode;
}

void main(void)
{
    uchar led1,led2,led4,led5,led7,led8;
    //led1 用于显示时的十位，led2 用于显示时的个位，led4 用于显示分的十位
    //led5 用于显示分的个位，led7 用于显示秒的十位，led8 用于显示秒的个位
    uchar disp,shift;          //disp 通过键码控制数码管初值
    Initial();                 //MAX7219 初始化

    Write7219(1,0);            //时部分默认初值为 0
    Write7219(2,0);
    Write7219(3,'_');
    Write7219(4,0);            //分部分默认初值为 0
    Write7219(5,0);
    Write7219(6,'_');
    Write7219(7,0);            //秒部分默认初值为 0
    Write7219(8,0);
    shift=1;

    while(1)
    {
        disp=scanner();
        switch(disp)
        {
            case 0:
            case 1:
            case 2:
            case 3:
            case 4:
            case 5:
            case 6:
            case 7:
            case 8:
            case 9:
                    if(shift==1)                    //设置时的十位数字
                    {
                        if(disp<3)
                        {
                            Write7219(shift,disp);
                            hours=10*disp+(hours%10);break;
                        }
                        else
                        {
                            Write7219(shift,2);
                            hours=20+(hours%10);break;
                        }
                    }
                    else if(shift==2)                //设置时的个位数字
                    {
                        if(hours/10>1)
                        {
                            if(disp<5)
                            {
                                Write7219(shift,disp);
                                hours=(hours/10)*10+disp;
                                break;
                            }
```

```
                else
                {
                        Write7219(shift,4);
                        hours=(hours/10)*10+4;
                        break;
                }
        }
        else
        {
                Write7219(shift,disp);
                hours=(hours/10)*10+disp;b
                reak;
        }
}
//设置分和秒
if((shift==4 ||shift==7) && disp>5)
//当键盘输入的分和秒的十位数字超过 5 时，输入值默认为 5
{
        Write7219(shift,5);
        switch(shift)
        {
                case 4:points=10*5+(points%10); break;
                case 7:seconds=10*5+(seconds%10); break;
        }break;
}
else if(shift==4 || shift==5|| shift==7 || shift==8)
 //其他分和秒输入
{
        Write7219(shift,disp);
        switch(shift)
        {
                case 4:points=10*disp+(points%10); break;
                case 5:points=(points/10)*10+disp; break;
                case 7:seconds=10*disp+(seconds%10); break;
                case 8:seconds=(seconds/10)*10+disp; break;
        }break;
}
case 10:
        switch(shift)
        //光标右移操作
        {
                case 1:shift=2;
                        Write7219(2,':');
                        Write7219(1,hours/10);
                        break;
                case 2:shift=4;
                        Write7219(4,':');
                        Write7219(2,hours%10);
                        break;
                case 4: shift=5;
                        Write7219(5,':');
                        Write7219(4,points/10);
                        break;
                case 5:shift=7;
                        Write7219(7,':');
                        Write7219(5,points%10);
                        break;
                case 7:shift=8;
                        Write7219(8,':');
                        Write7219(7,seconds/10);
```

```
                                        break;
                            case 8:shift=1;
                                    Write7219(1,':');
                                    Write7219(8,seconds%10);
                                    break;
                    }
                    break;
            case 11:
                    switch(shift)
                    //光标左移操作
                    {
                            case 1:shift=8;
                                    Write7219(8,':');
                                    Write7219(1,hours/10);
                                    break;
                            case 2:shift=1;
                                    Write7219(1,':');
                                    Write7219(2,hours%10);
                                    break;
                            case 4:shift=2;
                                    Write7219(2,':');
                                    Write7219(4,points/10);
                                    break;
                            case 5:shift=4;
                                    Write7219(4,':');
                                    Write7219(5,points%10);
                                    break;
                            case 7:shift=5;
                                    Write7219(5,':');
                                    Write7219(7,seconds/10):
                                    break;
                            case 8:shift=7;
                                    Write7219(7,':');
                                    Write7219(8,seconds%10);
                                    break;
                    }
                    break;
            }
            if(disp==15)
                    break;
    }

    Time2_init();

    while(1)
    {
        //提取时的值，用于在数码管中显示
        led1=hours/10;
        led2=hours%10;
        //在数码管中时的值的显示
        Write7219(1,led1);
        Write7219(2,led2);
        //提取分的值，用于在数码管中显示
        led4=points/10;
        led5=points%10;
        //在数码管中分的值的显示
        Write7219(4,led4);
        Write7219(5,led5);
        //提取秒的值，用于在数码管中显示
```

```
            led7=seconds/10;
            led8=seconds%10;
            //在数码管中秒的值的显示
            Write7219(7,led7);
            Write7219(8,led8);
        }
    }

    void Time0_1s(void) interrupt 1
    {
        TH0 = (65536-45872)/256;  //重装初值
        TL0 = (65536-45872)%256;
        Time2_counter++ ;
        if(Time2_counter == 20 )
        {
            Time2_counter=0;
            seconds++;
            if(seconds>=60)
            {
                seconds=0;
                points++;
            }
            if(points>59)
            {
                hours++;
                points=0;
            }
            if(hours==24)
            {
                hours=0;
            }
        }
    }
```

工程素质和技能归纳

① 了解和掌握 8 位八段数码管电路原理图、显示设置和数据读/写时序图。

② 根据数据读/写时序图编写驱动程序,并测试驱动程序和数码管。

③ 用定时器中断功能和 8 位八段数码管开发简易计时装置。

④ 矩阵键盘的接口技术和键码扫描程序的编写。

⑤ 带有时间设置功能的机器人时钟制作和编程。

科学精神的培养

① 本章用单片机制作时钟,其中使用了有 16 个按键的矩阵键盘。许多电子时钟都只有一个或者两个按键,思考一下它们是如何用很少的按键完成时间调整和功能设置的。尝试用一个或者两个按键来开发电子时钟。

② 电子产品的开发离不开人机交互设备。现在有一种趋势是,直接用一些智能传感器来代替传统的按键。试着去搜寻和发现一些这样的案例,并作为未来自己开发智能电子产品的参考。

第5章 A/D、D/A 转换接口与
漫游机器人制作

在实际应用中，许多传感器的输出都是随时间而连续变化的模拟量，但是常规的单片机只能处理由 0 和 1 组成的二进制代码形式的数字量，所以在将这些模拟量输入单片机之前需要将其转换成数字量。单片机在控制外部设备时，也只能输出数字量，但是有些外设需要用模拟量去控制，所以也需要将单片机输出的数字量转换成模拟量。综上所述，在单片机控制系统中通常需要使用额外的部件来处理数字量和模拟量之间的转换，这种部件称为 A/D（模/数）转换器和 D/A（数/模）转换器。

现在许多最新推出的单片机直接将 A/D 转换功能集成在单片机内部，有的甚至将 D/A 转换功能也集成在内部，这样就无须额外的部件了。尽管如此，学习单片机技术仍然需要了解和掌握 A/D、D/A 转换的基本思想和方法。

本书使用的 AT89S52 处理器（单片机）需要使用额外的 A/D、D/A 转换芯片，从而实现模拟量和数字量之间的转换。

本章中漫游机器人的制作主要用到的是 A/D 转换器，同时利用 D/A 转换器去控制一个 LED 的亮度。

A/D 转换器是一种将连续的模拟量信号转换成二进制数字量信号的器件。单片机在采集模拟量信号时，需要在前端加上 A/D 转换器，这里是 A/D 转换芯片。A/D 转换需要经过采样保持、量化和编码三个过程，其技术指标主要有分辨率、转换精度、转换时间、量化误差和量程等。A/D 转换芯片有多种类型，最常用的有 20 个引脚封装的 8 位数据并行转换芯片 ADC0809 和逐次比较型 A/D 转换芯片 ADC0804，以及 8 个引脚封装的 8 位数据串行 A/D 转换芯片 TLC549。

本章使用的是 TLC549，该芯片具有单路模拟输入、无须外部时针、8 引脚封装、体积较小等特点，是一种以 8 位开关电容逐次逼近 A/D 转换器为基础的 CMOS A/D 转换器，能够通过三态数据输出与微处理器或外围设备串行通信，用 I/O 时钟和芯片选择输入做数据控制，且提供了片内系统时钟，使内部器件的操作独立于串行 I/O 端口的时序，从而实现高速数据传输。该芯片的工作频率为 4MHz，且不需要额外的外部时钟电路。

任务 5.1 基于红外测距导航的漫游机器人的制作和编程

本任务使用红外传感器 SHARP 2Y0A21F2Y 作为机器人导航传感器制作漫游机器人。该传感器输出的模拟电压表示检测到的不同距离。

本任务涉及的元器件包括：智能机器人小车 1 辆，红外传感器（测距）及安装套件 1 套，TLC549 A/D 转换芯片 1 个，1602LCD 显示模块 1 个，跳线、导线和杜邦线若干。

SHARP 红外传感器的测量原理

SHARP 开发了很多体积小、功耗低、基于三角测量原理的红外传感器，本任务用到的 SHARP 红外传感器实物图如图 5.1 所示。物体对红外光的反射、环境温度及操作时间都不会轻易影响距离探测的准确度。

SHARP 2Y0A21F2Y 红外传感器采用模拟量输出，由 PSD（位置灵敏探测器）、IRED（红外发射二极管）及信号处理电路组成，可以用于近距离的探测，探测范围是 8～80cm。图 5.2 所示为输出电压与探测距离的关系曲线，由图可知，在 0～8cm 范围内，随着探测距离的减小，输出电压急剧下降；在 8～30cm 范围内，随着探测距离的增大，输出电压下降幅度较大；在 30～80cm 范围内，随着探测距离的增大，输出电压变化得较为平缓。即当探测距离足够小（小于 8cm）时，输出电压急剧下降，虽然物体离得很近，但探测到的距离好像越来越远了，传感器反而"看"不到了。因此要探测更远的物体，需要用分辨率更高的传感器。

图 5.1 SHARP 红外传感器实物图

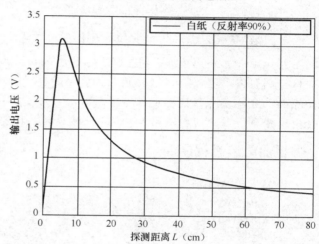

图 5.2 输出电压与探测距离的关系曲线

根据 SHARP 红外传感器的特性，在实际使用前，需要对传感器的测量特性进行曲线拟合。在进行曲线拟合时，如果不分段拟合，得到的测距函数只在某个范围内比较准确，在其他的范围内误差会比较大。对于 SHARP 2Y0A21F2Y 红外传感器，合理的分段拟合方案是将距离分成 8～30cm、30～50cm 两段。基于本任务的应用要求，只在 10～30cm 范围内进行拟合。

注意：对于不同型号的传感器，其输出特征曲线不同，需要在实际使用前对所使用的传感器进行标定校正。

A/D 转换电路的设计与搭建

A/D 转换芯片的连接原理图和连接实物图分别如图 5.3 和图 5.4 所示，先把 TLC549 芯片插到面包板上，然后用导线连接相对应的引脚。俯视 A/D 转换芯片 TLC549，以标记有小圆点的左上角引脚为 1 引脚，逆时针方向依次为 2～8 引脚。将 1、8 引脚接至 Vcc；2 引脚接红外传感器信号输出端口。在图 5.4 中，用了 1 个扩展学习板将红外传感器接入单片机系统，红外传感器的 3Pin 电缆直接接到扩展学习板的 4 号 3Pin 插口上，与它相通的是面包板旁边的

4 号插孔，所以将 4 号插孔用连接线连接到芯片的 2 引脚上；3、4 引脚接地；5、6、7 引脚分别接单片机的 P34、P16、P15 引脚。

注意：在下载程序时需要先将单片机 P16、P15 引脚的导线断开，在下载完成后再接上。这是因为这两个引脚是与下载器接口复用的。

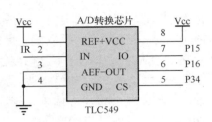

图 5.3　A/D 转换芯片的连接原理图

图 5.4　A/D 转换芯片的连接实物图

注意：当用到较多的单片机 I/O 端口时，必须正确分配可用端口，否则会出现意想不到的结果。例如，如果将 TLC549 的输入端、输出端或者片选信号的接线接至 P10、P11 舵机控制引脚，这时经 A/D 转换芯片转换的数据就输出不到 LCD 上了；如果使用了 P2 端口的液晶端口，或者在使用定时器中断时，占用了单片机第二功能引脚的中断设置端口，同样会出现错误。因此，在使用单片机 I/O 端口时要特别注意端口资源的合理分配。

机器人漫游程序

机器人漫游程序如下。

```
#include <at89x52.h>              //包含 52 头文件
#include "LCDDISPNUM.h"           //包含液晶显示头文件
#include <BoeBot.h>               //包含毫秒、微秒延时函数头文件
#include <intrins.h>              //包含 _nop_()延时函数头文件
#include <math.h>                 //包含数学函数头文件

#define uint unsigned int         //定义无符号整型
#define uchar unsigned char       //定义无符号字符型
                                  //TLC549 引脚定义
#define AD_In P1_5                //TLC549 输入端
#define AD_Out P1_6               //TLC549 输出端
#define CS P3_4                   //TLC549 片选信号

uint AD_Change(void)              //TLC549 驱动和采样程序
{
    uchar i;
    uint temp = 0;
    AD_In = 0;                    //TLC549 输入端刚开始拉低
    _nop_();                      //延时
    _nop_();
    CS=0;                         //TLC549 片选信号刚开始为低电平
    _nop_();                      //适当延时
    _nop_();
    _nop_();
    _nop_();
```

```
        if(AD_Out == 1) temp += 1;              //若 TLC549 输出为 1, 则 temp 加 1
        for(i=0; i<8; i++)                       //TLC549 采用 8 位数据传输
        {
            AD_In = 1;                           //8 个脉冲
            _nop_();
            _nop_();
            AD_In = 0;
            _nop_();
            _nop_();
            if(i != 7)
            {
                temp = temp << 1;                //temp 左移一位
                if(AD_Out == 1) temp += 1;
            }
        }
        CS = 1;
        return temp;                             //返回电压值
}

void main(void)
{
        float dat=0;
        uchar i,j;
        LCM_Init();                              //LCM 初始化
        delay_nms(5);                            //延时片刻
        Display_List_Char(0, 0, "www.szopen.cn"); //LCD1602 第一行显示字符串
        delay_nms(10);
        while(1)
        {
            zuolun = 1;                          //设置 P11 输出高电平
            delay_nus(1700);                     //延时 1.7ms
            zuolun = 0;                          //设置 P11 输出低电平

            youlun = 1;                          //设置 P10 输出高电平
            delay_nus(1300);                     //延时 1.3ms
            youlun = 0;                          //设置 P10 输出低电平

            jiaodu = 1;                          //角度舵机处于正中间
            delay_nus(1500);                     //拉高 1.5ms
            jiaodu = 0;                          //拉低
            delay_nus(18500);                    //一个周期为 20ms

            dat = AD_Change ();                  //A/D 转换后得到的数字电压值
            dat=(float)(dat*5.0)/256.0;          //换算得到的真实电压值
            dat=26.928*pow(dat,-1.217);          //计算得到的真实距离值

            DispFloatNum(dat,1,0,3);             //LCD1602 第二行显示的测量距离值

            if(dat<20)                           //若测得的距离小于 20cm, 则机器人左转
            {
                for( j=1;j<=30;j++)              //循环 30 个脉冲, 左转 90°
                {
                    zuolun = 1;                  //设置 P11 输出高电平
                    delay_nus(1300);             //延时 1.3ms
                    zuolun = 0;                  //设置 P11 输出低电平
```

```
                youlun = 1;                          //设置 P10 输出高电平
                delay_nus(1300);                     //延时 1.3ms
                youlun = 0;                          //设置 P10 输出低电平
                delay_nms(20);                       //延时 20ms
            }
        }
    }
}
```

程序说明

上述程序实现的漫游机器人功能是，一边向前运动，一边测量其与前方物体的距离，LCD1602 第一行显示广告字符串，第二行显示距离值，若前方 20cm 的范围内有物体，则机器人向左转（可以自行更改设定的规则），然后继续向前运动，一直循环下去。

TLC549 是一种新型的 A/D 转换器，具有 8 位的分辨率。由于在实际应用中的 A/D 转换器输入数据可能由于受到干扰而有突然的变化，因此为了让测量的结果更加准确，可以采用多次采集再计算的方式得到相对准确的数值，这种方法称为软件滤波。软件滤波有很多算法，最简单的算法是对多次采样的数据求平均值，即均值滤波法。如果想让漫游机器人在运动过程中得到较为准确的距离测量值，使 LCD1602 显示比较稳定的数据，可以在上述程序中添加滤波函数。

注意：在添加滤波函数后，主函数中的 dat = AD_Change()需要改成 dat = AD_Filter()。

本任务中的滤波函数采用均值滤波法，程序如下。

```
void Delay(uint del)                             //延时函数，延时时间为 1ms * del
{
    uchar i, j;
    for(i=0; i<del; i++)
        for(j=0; j<=148; j++)
            ;
}

uint Average(uint buffer[20])
{
 //均值滤波法，共取 20 个数据，最大和最小的 5 个数据不要
    uchar i,j;
    uint temp;
    for(i=1; i<20; i++)                           //先对整个数组的 20 个值进行从小到大的排序
        for(j=19; j>=i; --j)                      //20 个待处理的值
        {
            if(buffer[j-1] > buffer[j])
            {
                temp = buffer[j-1];
                buffer[j-1] = buffer[j];
                buffer[j] = temp;
            }
        }
    temp = 0;                                     //对数组进行处理，去掉 5 个最大值和 5 个最小值
    for(i=5; i<15; i++)                           //中间的 10 个值用来求平均值
    {
        temp += buffer[i];
    }
```

```
        temp = (uint)((((float)temp) / 10 + 0.5);        //对中间的 10 个数据求平均值
        return(temp);                                      //得到 1 个平均值
    }

    uint AD_Filter()                                       //进行 A/D 采集 20 次，并进行滤波处理
    {
        uint Date_Buffer[20] = {0}, temp;                  //10 次 A/D 采集值
        uchar i;
        for(i=0; i<20; i++)
        {
            Date_Buffer[i] = AD_Change();
            Delay(1);                                      //延时 1ms 采集 1 次，可根据工作需要调整时间
        }
        temp = Average(Date_Buffer);
        return(temp);                                      //经过处理后的 A/D 值
    }
```

以下 3 条语句完成距离的测量和换算。第一条调用 A/D 转换函数得到经过 A/D 转换后的数字电压，然后根据 A/D 转换关系将其逆向换算为真实的模拟输出电压，再通过红外传感器的测量特性公式计算出实际的距离。

```
dat=AD_Change();                                           //A/D 转换得到的数字电压
dat=(float)(dat*5.0)/256.0;                                //换算得到的真实电压
dat=26.928*pow(dat,-1.217);                                //计算实际的距离
```

为了能够比较准确地拟合出红外传感器测量距离和输出电压之间的关系，可以通过以下的方法。

首先，在 10～30cm 范围内均匀采样 20 个数据，从距离 10cm 开始，每隔 1cm 记录 1 次红外传感器的测量电压值。每次红外传感器的测量电压都可以通过 LCD1602 显示出来。

然后，将这 20 组数据分别填入 Excel 表格（以 Excel 2013 为例）中。接着，选中所有的数据，选择"插入"→"散点图"→"带平滑线和数据标记的散点图"选项，得到一个散点图，在图中的曲线上右击鼠标，在弹出的快捷菜单中选择"添加趋势线"选项，在"设置趋势线格式"窗格中选中"幂"选项，然后勾选"显示公式"复选框，就可以生成图 5.5 所示的红外传感器输出电压和测量距离的拟合曲线，并得到对应的公式，根据该拟合曲线及对应的公式，每次测量的距离误差可以控制在 0.5cm 范围内。

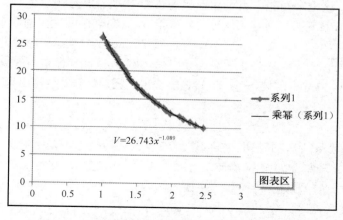

图 5.5　红外传感器输出电压和测量距离的拟合曲线

也可以对标定数据进行多项式拟合，只需将上述步骤中的"幂"选项改选为"多项式"选项，并设置多项式的最高次数。由于本任务中仅测量10～30cm之间的距离，因此无须进行分段拟合，在实践中可以根据需要按同样的方法进行拟合操作。

编写 A/D 转换子函数要根据 TLC549 的工作时序图（如图 5.6 所示）来完成。根据工作时序图编写硬件的驱动函数是电子设计工程师必须掌握的基本技能之一。

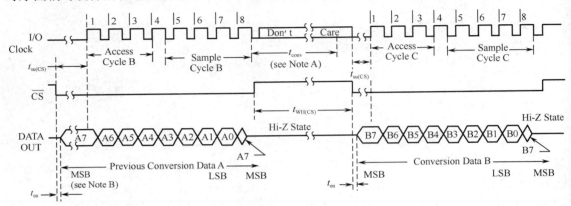

图 5.6　TLC549 的工作时序图

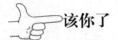该你了

在本任务编写的程序中，有许多不规范或者不合理的地方，程序运行的效果也不太理想，试着修改一下程序，让程序的运行效率更高，程序更加规范。

拓 展 阅 读

A/D 转换器的作用是将模拟量转换为数字量，这里的模拟量既可以是电压、电流等电信号，也可以是压力、温度、湿度、位移、声音等非电信号。但在 A/D 转换前，输入 A/D 转换器的信号必须转换成电压信号。由于这些输入信号在时间上是连续的，而输出的数字信号是离散的，因此每个离散的数字量实际上代表的是一个区间的模拟量，如用 255 代表[4.98V，5V]的连续瞬时量，这个区间的大小实际上就是 A/D 转换器的分辨率。

分辨率说明了 A/D 转换器对输入信号的分辨能力。A/D 转换器输出的数字信号位数可以是 8 位、10 位、12 位、14 位、16 位等，在输入电压一定时，输出位数越多，输出的数字信号分辨率越高。例如，当输入信号最大为 5V，最小为 0V 时，8 位 A/D 转换器输出的数字信号的分辨率为 19.53mV（$5V/2^8 \approx 19.53mV$），12 位 A/D 转换器输出的数字信号的分辨率为 1.22mV（$5V/2^{12} \approx 1.22mV$）。

A/D 转换器的另一个指标是转换时间，即从 A/D 转换器转换控制信号到来开始，到输出端得到稳定的数字信号所需的时间。不同类型转换器的转换速度是不同的，所以转换时间也不同。其中，并行比较型 A/D 转换器转换速度最高，一般的 8 位并行 A/D 转换器的转换时间可达 50ns，而逐次比较型 A/D 转换器的转换时间为 10～50μs，有的也可达到几百纳秒。

在选择 A/D 转换器时，除了要考虑转换器的分辨率、转换时间，还要考虑项目实际需要的分辨率和转换时间。

任务 5.2　红外测距云台导航机器人的制作

人们在用眼睛寻找目标时，不会只注视前方，而会通过脖子的转动来扫描四周。为了让机器人能够进行类似的搜索，可在机器人前方安装一个角度舵机，并将红外传感器装在角度舵机的输出轴上，这样红外传感器就可以随着角度舵机进行 0°～180° 的转动了。

角度舵机

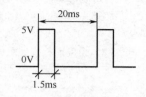

舵机控制脉冲示意图如图 5.7 所示，角度舵机的控制信息与连续旋转伺服舵机一样，只是其高电平脉冲宽度（简称脉宽）对应的是输出轴的角度，而不是速度，例如，1.5ms 高电平脉宽可控制舵机回到中间位置，即 90° 位置。为了方便说明，这里规定从右往左的角度依次为 0°～180°，即最右边为 0°，最左边为 180°。本任务所用的角度舵机具有以下特性。

图 5.7　舵机控制脉冲示意图

当一个周期（20ms）内高电平时间为 0.5ms 时，转到最右边，即 0° 位置；
当一个周期（20ms）内高电平时间为 0.7ms 时，转到 18° 位置；
当一个周期（20ms）内高电平时间为 1.0ms 时，转到 45° 位置；
当一个周期（20ms）内高电平时间为 1.1ms 时，转到 54° 位置；
当一个周期（20ms）内高电平时间为 1.3ms 时，转到 72° 位置；
当一个周期（20ms）内高电平时间为 1.5ms 时，处于正中间，即 90° 位置；
当一个周期（20ms）内高电平时间为 1.7ms 时，转到 108° 位置；
当一个周期（20ms）内高电平时间为 1.9ms 时，转到 126° 位置；
当一个周期（20ms）内高电平时间为 2.0ms 时，转到 135° 位置；
当一个周期（20ms）内高电平时间为 2.1ms 时，转到 144° 位置；
当一个周期（20ms）内高电平时间为 2.3ms 时，转到 162° 位置；
当一个周期（20ms）内高电平时间为 2.5ms 时，转到最左边，即 180° 位置。

根据任务需要，取 5 个角度，角度舵机转动角度与 20ms 周期内高电平持续时间之间的关系如表 5.1 所示。

表 5.1　角度舵机转动角度与 20ms 周期内高电平持续时间之间的关系

高电平持续时间（T=20ms）	占 空 比	角度舵机转动角度
0.7ms	0.035	18°
1.1ms	0.055	54°
1.5ms	0.075	90°
1.9ms	0.95	126°
2.3ms	0.115	162°

注意：规定最右边为 0°，最左边为 180°。

注意：在实际运行中，舵机转到命令位置是需要时间的。为了让舵机能够准确地运动到命令位置，需要根据实际情况进行编程，控制舵机的中间运动过程。

图 5.8　角度舵机安装后的实物图

角度舵机的安装和电路连接

角度舵机安装后的实物图如图5.8所示。在装好角度舵机后，将角度舵机控制线插到扩展学习板标有5的三排插针上，然后将扩展学习板下端标有5的插槽用导线引出接到单片机的P35引脚上作为控制端口，云台舵机接线电路如图5.9所示。完整的红外测距云台导航机器人的实物图如图5.10所示。

图 5.9　云台舵机接线电路

图 5.10　完整的红外测距云台导航机器人的实物图

云台导航机器人的完整程序

云台导航机器人的完整程序如下。

```
#include <AT89X52.H>          //包含 52 头文件
#include <BoeBot.h>           //包含毫秒、微秒延时函数头文件
#include "LCDDISPNUM.h"       //包含液晶显示头文件
#include <intrins.h>          //包含_nop_()延时函数头文件
#include <math.h>             //包含数学函数头文件

#define uint unsigned int     //定义无符号整型
#define uchar unsigned char   //定义无符号字符型

#define AD_In      P1_5       //TLC549 输入端
#define AD_Out     P1_6       //TLC549 输出端
#define CS P3_4              //TLC549 片选信号

sbit zuolun = P1^1;           //控制左轮的 P12 引脚
sbit youlun = P1^0;           //控制右轮的 P13 引脚
sbit jiaodu = P1^2;           //控制红外传感器角度舵机的 P35 引脚
/**********************************************
A/D 转换
**********************************************/
uint AD_Change(void)          //TLC549 驱动程序
{
```

```
        uchar i;
        uint temp = 0;
        AD_In = 0;
        _nop_();                          //延时
        _nop_();
        CS = 0;
        _nop_();
        _nop_();
        _nop_();
        _nop_();
        if(AD_Out == 1) temp += 1;
        for(i=0; i<8; i++)
        {
            AD_In = 1;
            _nop_();
            _nop_();
            AD_In = 0;
            _nop_();
            _nop_();
            if(i != 7)
            {
                temp = temp << 1;
                if(AD_Out == 1) temp += 1;
            }
        }
        CS = 1;
        return temp;                      //返回电压值
}
/**********************************************
测量距离部分
**********************************************/
uint ceju()                               //测距子函数
{
    uint dat=0;
    float a;
    a = AD_Change();                      //A/D 转换得到的电压值
    a = (a*5.0)/256.0;                    //换算得到的真实电压值
    a = ((26.917*pow(a,-1.109))+0.5)*10.0; //计算距离值

    if (a>255)                            //将大于 255 的数都赋值为 255
        dat=255;
    else if (a>0)                         //把 0～255 范围内的实型数据强制转换成无符号整型数据
        dat=(uint)(a);
    else
        dat=0;                            //负数都赋值为 0
    return dat;                           //返回距离值
}
/**********************************************
主函数
**********************************************/
void main(void)
{
    uchar i,j,d=0;
    uint juli[5]={255,255,255,255,255};
    uint yuntai_pulse=700;

    LCM_Init();                           //LCM 初始化
    delay_nms(5);                         //延时片刻
```

```
Display_List_Char(0, 0, "www.ercc.org.cn");    //LCD1602 第一行显示广告字符串
Display_List_Char(1, 0, "Robot-AT89S52");      // LCD1602 第二行也显示广告字符串
delay_nms(10);
for(i=0;i<50;i++)                              //初始化角度舵机
{                                              //开始时让它在右边的第一个测量角度处，即18°
    jiaodu = 1;                                //目的是方便控制
    delay_nus(700);
    jiaodu = 0;
    delay_nus(19300);
}
while(1)
{
    zuolun = 1;
    delay_nus(1550);                           //机器人向前运动
    zuolun = 0;

    youlun = 1;
    delay_nus(1450);                           //控制机器人速度，让它慢行
    youlun = 0;

    jiaodu = 1;                                //角度舵机转动的角度
    delay_nus(yuntai_pulse);                   //控制角度舵机高电平的时间
    jiaodu = 0;
    //定点测量 5 个方位的距离，并存放在指定的数组位置上
    //在这里规定最右边为 0°，最左边为 180°
    if (yuntai_pulse==700)                     //18°
        {juli[0]=ceju();d=1; }                 //测距，将值存入数组，并设置标志 b =1
    else if (yuntai_pulse==1100)               //54°
        juli[1]=ceju();
    else if (yuntai_pulse==1500)               //90°
        juli[2]=ceju();
    else if (yuntai_pulse==1900)               //126°
        juli[3]=ceju();
    else if (yuntai_pulse==2300)               //162°
        {juli[4]=ceju();d=0;}                  //测距，将值存入数组，并设置标志 b =0

    if (d==0)
        yuntai_pulse-=50;                      //角度舵机从左向右转
    else
        yuntai_pulse+=50;                      //角度舵机从右向左转

    delay_nus(20000-yuntai_pulse);             //角度舵机的延时

    if (juli[1]<234 && juli[2]<234 && juli[3]<234)
    {
        for( j=1;j<=68;j++)
        {
            zuolun = 1;                        //向后转
            delay_nus(1600);
            zuolun = 0;

            youlun = 1;
            delay_nus(1600);
            youlun = 0;

            delay_nms(20);
        }
```

```
        }
        else if (juli[0]<234 || juli[1]<234)
        {
            for( j=1;j<=20;j++)
            {
                zuolun = 1;                      //向左转
                delay_nus(1400);
                zuolun = 0;

                youlun = 1;
                delay_nus(1400);
                youlun = 0;
                delay_nms(20);
            }
        }
        else if (juli[3]<234 || juli[4]<234)
        {
            for( j=1;j<=20;j++)
            {
                zuolun = 1;                      //向右转
                delay_nus(1600);
                zuolun = 0;

                youlun = 1;
                delay_nus(1600);
                youlun = 0;
                delay_nms(20);
            }
        }
        juli[0]=255;juli[1]=255;juli[2]=255;juli[3]=255;juli[4]=255;
    }
}
```

程序说明

使红外传感器左右扫描的方法是：首先使红外传感器的方向在右边第一个测量角度的位置（18°）上，并在右边的第一个测量角度（18°）和左边的第一个测量角度（162°）上设置左转和右转标志，据此控制角度舵机从右向左转或者从左向右转。

机器人一边向前运动，一边不断测量 5 个不同方位前方物体的距离，并存在数组中。在每次扫描测得数据后，都要比较所得 5 个距离的大小，以决定机器人下一步的运动方向，然后将数组内的数据还原为初始数据，依此一直循环执行。判断执行条件是：若与前方 90°、54°、126° 方位的距离同时满足小于 23.4cm，则转 180°；若与 18° 和 54° 方位的距离之一小于 23.4cm，则向左转；若与 126° 和 162° 方位的距离之一小于 23.4cm，则向右转。

为了方便学习，这里只做了简单的处理。在实际应用或者比赛过程中，需要根据实际情况进行更仔细、更合理或者更有效的规划。

测距子函数中的计算距离单位改成了 mm，也就是数值扩大了 10 倍，然后取整，这样测得的数据就可以存放在数组里了。这样做一方面是因为 AT89S52 单片机中的数组不能存放浮点型数据，另一方面是因为数据存储器容量有限，不能存储大量数据。float 型数据占用 64 字节，所以将其强制转换成无符号整型，以节约存储空间，也可以用无符号字符型表示。

让机器人一边运动、一边测距的技巧是：在机器人运动时，电机低电平延时的 20ms 用来执行角度舵机的转动（因为电机低电平延时需要 20ms，刚好是角度舵机转动的一个周期）。角度舵机从右向左转、从左向右转的起始角度需要设置标志，分别进行递增和递减计数。在数组内存储的数据用完后就还原为初值。

在任务 5.2 编写的源程序中，有许多不规范或者不合理的地方，程序运行的效果也不太理想，试着修改该程序，使程序的运行效率更高，程序更加规范。

任务 5.3　D/A 转换和机器人 LED 的亮度控制

D/A 转换器是一种将数字量信号转换成模拟量信号的器件。要想使单片机输出模拟信号，需要在输出级中加上 D/A 转换器，即 D/A 转换芯片。D/A 转换芯片的输出可以是电流，也可以是电压，由数字输入和参考电压组合进行控制。大多数常用 D/A 转换芯片的输入数据采用二进制码或 BCD 码的形式。较常用的 D/A 转换芯片有 20 个引脚封装的 8 位数据并行通信芯片 DAC0832，以及 8 个引脚封装的串行输入且输出为电压型的芯片 TLC6519，通过 3 根串行总线就可以完成 10 位数据的串行输入。

本任务使用的是价格低廉、接口简单、转换控制容易并具有 8 位分辨率、电流型输出的 D/A 转换芯片 DAC0832，它主要由 8 位输入寄存器、8 位 DAC 寄存器、8 位 D/A 转换器及输入控制电路 4 部分组成。通过对 DAC0832 的数据锁存器和 DAC 寄存器设置不同的控制方式，DAC0832 可以工作在 3 种不同方式下：直通方式、单缓冲方式和双缓冲方式。本任务选择直通方式。DAC 寄存器的输出在实际应用时需要外接运算放大器（简称运放），使之成为电压型输出的。这里使用的是 LM324 运放。

本任务所用元器件包括：智能机器人小车 1 辆，DAC0832 芯片 1 个，LM324 运放芯片 1 个，直流电源模块（提供 12V 和−12V 直流电源）1 个，跳线、导线、杜邦线若干。

DAC0832 的主要引脚功能

DAC0832 芯片和 LM324 芯片的连接电路如图 5.11 所示。

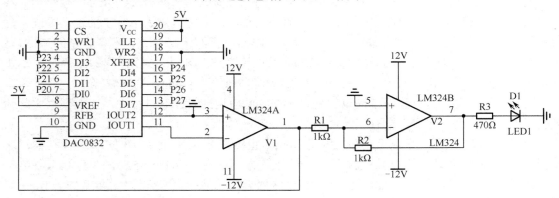

图 5.11　DAC0832 芯片和 LM324 芯片的连接电路

DI0～DI7：8 位数据输入，连接单片机的数字信号输出端口。

CS：片选信号输入（选通数据锁存器），低电平有效。

WR1：数据锁存器 1 写选通输入，低电平有效。

ILE：输入锁存器使能，高电平有效。

WR2：数据锁存器 2 写选通输入，低电平有效。

XFER：控制传送信号，低电平有效。

DAC0832 的 CS、WR1、WR2 和 XFER 都是低电平有效的，在本任务中都接低电平；其他引脚（如 ILE）接高电平，省去 I/O 端口控制，VREF 接 5V 的参考电压，RFB 接第一级运放的反馈电压。

LM324 运算放大器

LM324 芯片由 4 个独立的、高增益内部频率补偿运放组成，具有短路保护输出、真差动输入级、内部补偿、共模范围扩展到负电源、输入端有静电保护功能等特点。最常用的运放 1、2、3 引脚是一组，5、6、7 引脚是一组，8、9、10 引脚是一组（未在图中标出），12、13、14 引脚是一组（未在图中标出），剩下的两个引脚是电源，1、7、8、14 引脚是各组运放的输出引脚，其他的就是输入引脚。

电路的设计与搭接

第一级运放的作用是将 DAC0832 输出的电流信号转化为电压信号 V1，第二级运放的作用是将 V1 通过反向放大电路放大 R2/R1 倍，输出电压信号 V2。这里的 R1 和 R2 是相等的，所以 V2 的输出范围是 0～5V。

在第二个运放的输出端连接一个电阻 R3，阻值是 470Ω，则输出的最大电流是 5/470mA=10.6mA。

DAC0832 芯片的引脚连接

1、2、3 引脚接 GND；

4、5、6、7 引脚分别接单片机的 P23、P22、P21、P20 引脚（输出端口）；

8 引脚接 5V；

9 引脚接 LM324 芯片的 1 引脚；

10 引脚接 GND；

11 引脚接 LM324 芯片的 2 引脚；

12 引脚接 LM324 芯片的 3 引脚，再接 GND；

13、14、15、16 引脚分别接单片机的 P27、P26、P25、P24 引脚（输出端口）；

17、18 引脚接 GND；

19、20 引脚接 5V。

LM324 芯片的引脚连接

1 引脚与 DAC0832 芯片的 9 引脚（RFB）相连；

2 引脚与 DAC0832 芯片的 11 引脚（IOUT1）相连；

3 引脚与 DAC0832 芯片的 12 引脚（IOUT2）相连；

4 引脚接 12V；

5 引脚接 GND；

6 引脚通过 1kΩ电阻和 1 引脚相连；

7 引脚通过 1kΩ电阻和 6 引脚相连，再接 470Ω电阻输出到 LED 的正极，LED 的负极接 GND；

11 引脚接-12V；

D/A 转换调节 LED 亮度的电路连接实物图如图 5.12 所示。LM324 芯片的电路连接实物图如图 5.13 所示。DAC0832 芯片的电路连接实物图如图 5.14 所示。

图 5.12　D/A 转换调节 LED 亮度的电路连接实物图

图 5.13　LM324 芯片的电路连接实物图

图 5.14　DAC0832 芯片的电路连接实物图

LED 亮度控制程序

DAC0832 芯片输出的是电流信号，LM324 芯片将电流信号转换成电压信号，输出的电压范围是 0～5V。将 DAC0832 芯片的数据端口连接到单片机的 P2 端口，通过给 P2 端口输出步长为 5 的 0～255 之间的序列数据，可以使 LED 逐渐变亮；反之，可以使 LED 逐渐变暗。为了重复亮度变化的过程，需要在增加到 255 时和减到 0 时设置标志。

LED 亮度控制程序代码如下。

```
#include <AT89X52.H>

#define uchar unsigned char
#define uint unsigned int

void delayms(uint xms)          //延时子函数
{
```

```
        uint i,j;
        for(i=xms;i>0;i--)                    //i=xms 即延时约 xms 毫秒
            for(j=110;j>0;j--);
}

    void main()                               //主函数
    {
        uchar val,flag;
        P2=0;
        while(1)
        {
            if(flag==0)
            {
                val+=5;                       //增量，随着电压的增大，LED 逐渐变亮
                P2=val;                       //通过 P2 端口给 D/A 数据端口赋值
                if(val==255)flag=1;           //当增加到 255 时，设置标志 flag=1
                delayms(100);
            }
            else
            {
                val-=5;                       //递减，LED 逐渐变暗
                P2=val;                       //通过 P2 端口给 D/A 数据端口赋值
                if(val==0)flag=0;             //当减小到 0 时，设置标志 flag=0
                delayms(100);
            }
        }
    }
```

工程素质和技能归纳

① A/D 转换的原理和芯片的选择。
② 根据转换芯片的工作时序编写芯片驱动程序，即数据读/写程序。
③ 红外传感器（测距）的使用和编程。
④ 角度舵机的使用和基于红外云台测距传感器的漫游机器人的制作和编程。
⑤ D/A 转换的原理和芯片的选择。

科学精神的培养

① A/D 和 D/A 转换是计算机控制系统的两个关键内容。本章对 A/D 转换的分辨率和转换时间进行了总结和介绍，但是对 D/A 转换的相关指标没有进行介绍。请查阅相关资料，进一步了解和掌握 D/A 转换的工作原理和性能指标。

② 漫游机器人是一种在未知环境中随机运动的机器人，本章给出的运动策略是比较简单的。如果想让机器人在狭小的空间内运动，该如何修改算法和机器人控制程序呢？导航和漫游是机器人开发的难题，如何用一些简单的传感器实现比较复杂的功能，是家庭服务机器人的研究热点。请查阅相关资料，了解更多有关机器人导航的技术。

第6章 SPI 与温湿度检测机器人的制作

SPI (Serial Peripheral Interface, 串行外设接口)可以使单片机与各种外围设备以串行方式进行通信, 这样可以节省单片机宝贵的接口资源。在第 5 章中使用过的 A/D 转换芯片 TLC549 实际上使用的就是 SPI 总线技术。

SPI 用于在 CPU 和外围低速器件之间进行同步串行数据传输, 在 CPU 的移位脉冲下, 数据按位传输, 高位在前, 低位在后, 采用全双工通信, 数据传输速度总体来说比 I²C 总线要快, 速度可达几 Mbit/s。SPI 实际上使用两个简单的移位寄存器, 传输的数据为 8 位数据, 在移位脉冲的上升沿数据改变, 同时将 1 位数据存入移位寄存器。

本章主要介绍一种温湿度智能传感器, 它采用 SPI 与单片机通信, 比 TLC549 更简捷, 只需用到单片机的两个端口。本章将利用这个传感器制作一款温湿度检测机器人。

任务 6.1 温湿度传感器与温湿度测量

在库房存放物品时, 常需要将库房内的温湿度控制在一定的范围内。例如, 粮仓内温湿度不合适会导致粮食霉变; 档案室内温湿度不合适会导致字迹产生油渗、扩散和褪色等现象, 或导致纸张强度下降并滋生有害生物; 一些特殊仓库在某一温湿度条件下甚至会产生有毒气体。为了保证库存物品安全和良好的工作环境, 对库房温湿度的检测是必要的。市面上已经出现了一些智能化的"库房温湿度巡检和联动控制系统", 此类系统通过传感器检测温湿度, 并将数据传回计算机, 计算机系统实时监控库房温湿度的变化情况, 当温湿度超过一定范围时, 启动或关闭温湿度控制设备, 从而实现实时调节库房温湿度的功能。

本任务要求利用 Sensirion 温湿度传感器和 C51 教学机器人设计一款温湿度检测机器人, 它能够实时检测机器人所在位置的温湿度和露点, 并将所测数据通过串口以 9600bit/s 的速度传给计算机。

本任务的学习目的如下。

① 认识 Sensirion 温湿度传感器。
② 认识 Sensirion 温湿度传感器的通信接口。
③ 编写程序, 读取传感器数据。

Sensirion 温湿度传感器简介

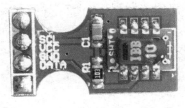

图 6.1 Sensirion 温湿度传感器实物图

Sensirion 温湿度传感器实物图如图 6.1 所示。由图可知, Sensirion 温湿度传感器采用一块贴片式的 SHT11 数字温湿度传感器芯片。通过标定得到的校准系数以程序形式存储在芯片本身的 OTP (One Time Programmable)内存中。通过两线制的串口与内部的电压调整, 使外围系统集成变得快速而简单。微小体积、极低功耗等优点使其成为各类应用的首选。

（1）温湿度传感器的工作原理

Sensirion 温湿度传感器包括一个电容性聚合体湿度敏感元件和一个用能隙材料制成的温度敏感元件，这两个敏感元件与一个 14 位的 A/D 转换器及一个串口电路设计在同一个芯片上。敏感元件所产生的模拟信号通过 A/D 转换器被转换为数字信号，信号通过两线制数字接口输出。

该传感器可用于测量相对湿度、温度和露点。各物理量的值可以根据读到的数据按照一定的方法计算得到。

（2）相对湿度

为了补偿湿度传感器的非线性以获取准确数据，建议使用以下公式修正读数。

$$rh\_lin = C1 + C2 \times rh + C3 \times rh \times rh \qquad (6.1)$$

式中，rh 为所测相对湿度，rh_lin 表示经过非线性补偿计算获得的相对湿度，湿度转换系数 C1、C2、C3 见表 6.1（本任务中 rh 采用 12 位传感器采集）。

表 6.1　湿度转换系数

rh	C1	C2	C3
12 位	−4	0.0405	-2.8×10^{-6}
8 位	−4	0.648	-7.2×10^{-4}

由于实际温度与测量参考温度 25℃有偏差，因此还应考虑湿度传感器的温度修正系数。

$$rh\_true = (t\_C - 25) \times (T1 + T2 \times rh) + rh\_lin \qquad (6.2)$$

式中，t_C 为实际温度值，计算方法将在后文给出，温度补偿系数 T1、T2 见表 6.2。

表 6.2　温度补偿系数

rh	T1	T2
12 位	0.01	0.00008
8 位	0.01	0.00128

（3）温度

由能隙材料制作的温度传感器具有极好的线性度，可用式（6.3）将数字量输出转换为温度值。

$$t\_C = D1 + D2 \times t \qquad (6.3)$$

式中，t 为数字量输出值，t_C 为计算出的温度值，温度转换系数 D1、D2 的取值参照表 6.3（在本任务中，VDD 为 5V，t 采用 14 位）。

表 6.3　温度转换系数

VDD	D1（℃）	D1（℉）	t	D2（℃）	D2（℉）
5V	−40	−40	14 位	0.01	0.018
4V	−39.75	−39.50	12 位	0.04	0.072
3.5V	−39.66	−39.35			
3V	−39.60	−39.28			
2.5V	−39.55	−39.23			

（4）露点

露点指空气在含水量和气压都不改变的条件下，冷却到饱和时的温度。形象地说就是空气中的水蒸气在变为露珠时的温度。当空气中的含水量已达到饱和时，气温与露点相同；当含水量未达到饱和时，气温一定高于露点，所以露点与气温的差值可以表示空气中的含水量距离饱和的程度。

露点（dew_point）的计算公式如下。

$$\log Ex = 0.66077 + 7.5 \times t / (237.3 + t) + (\lg10(h) - 2) \tag{6.4}$$

$$dew\_point = (\lg Ex - 0.66077) \times 237.3 / (0.66077 + 7.5 - \lg Ex) \tag{6.5}$$

其中，h、t 分别为实际测得的湿度和温度，Ex 是一个中间变量。

Sensirion 温湿度传感器的性能参数如下。

① 测温范围：$-40 \sim 123.8℃$。

② 测温精度：$\pm0.5℃$（参考温度为 25℃）。

③ 测湿范围：$0 \sim 100\%RH$。

④ 测湿精度：$\pm3.5\%RH$。

⑤ 功耗：典型值为 30μW。

Sensirion 温湿度传感器的通信接口

要获得温湿度信息，只需要从 Sensirion 温湿度传感器模块上的 SHT11 芯片的 DATA 引脚读取数据即可。图 6.2 所示为 Sensirion 温湿度传感器的引脚说明。

各引脚的具体定义如下。

① DATA：1 引脚，数据输出端。

② SCK：3 引脚，时钟信号输入端，输入 Clock 信号。

③ Vss：4 引脚，地。

④ VDD：8 引脚，电源。

Sensirion 温湿度传感器一共有 8 个引脚，其中 2、5、6、7 是空引脚。在本任务中使用 AT89S52 单片机作为控制芯片，将 DATA（数据）引脚接至单片机的 P13 引脚，SCK 引脚接至单片机的 P12 引脚，Sensirion 温湿度传感器的电路连接如图 6.3 所示。

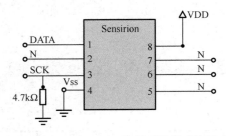
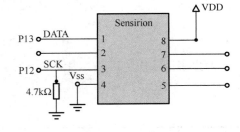

图 6.2　Sensirion 温湿度传感器的引脚说明　　　图 6.3　Sensirion 温湿度传感器的电路连接

在具体连接时应注意以下几点。

① 电源（VDD）。SHT11 芯片的供电电压为 2.4~5.5V，这里使用两轮机器人上的 5V 电源。传感器在上电后要等待 11ms 来完成"休眠"，在此期间发送任何指令均无效。

② 时钟信号（Clock 信号）。Clock 信号用于微处理器与 SHT11 之间的通信同步。由于端口包含了完全静止逻辑，因而不存在最小时钟频率。

③ 数据输出端（DATA）。DATA 端口用于数据的输出，在 Clock 信号下降沿之后改变状态，并仅在 Clock 信号上升沿有效。在数据传输期间，当 Clock 信号为高电平时，DATA 输出必须保持稳定。为避免信号冲突，微处理器应驱动 DATA 为低电平，需要一个外部的上拉电阻将信号拉至高电平。

需要注意的是，SHT11 应用的串口技术是 SPI 技术，在传感器信号读取及电源损坏方面都做了优化处理，但与 I²C 接口不兼容。

读取和发送温湿度传感器数据的程序

读取和发送温湿度传感器数据的程序如下。

```c
#include <AT89X52.h>
#include <intrins.h>
#include <math.h>
#include <stdio.h>

typedef union
{
    unsigned int i;
    float f;
}value;

//枚举 {温度，湿度}
enum {TEMP,HUMI};

#define DATA P1_3
#define SCK   P1_2

#define noACK 0                     //无应答
#define ACK     1                   //应答
                                    // adr(地址位)      command(指令)   r/w
#define STATUS_REG_W 0x06           //    000            0011           0
#define STATUS_REG_R 0x07           //    000            0011           1
#define MEASURE_TEMP 0x03           //    000            0001           1
#define MEASURE_HUMI 0x05           //    000            0010           1
#define RESET          0x1e         //    000            1111           0

//写 1 字节函数
//向 SENSI-BUS(SENSI-总线)写入 1 字节并检查确认位 ACK(Acknowledge)
unsigned char s_write_byte(unsigned char value)
{
    unsigned char i,error=0;
    for(i=0x80;i>0;i/=2)
    {
        if(i & value)               //将 value 由高到低逐位写入 SENSI-BUS
            DATA=1;
        else
            DATA=0;
        SCK=1;                      //将 SCK 引脚置高位
        _nop_();_nop_();_nop_();    //延迟 5μs
        SCK=0;
    }
    DATA=1;                         //释放 DATA-line
    SCK=1;                          //第 9 次将 SCK 引脚置高位
    error=DATA;                     //检查 SHT11 应答，通过下拉 DATA 至低电平表示测量结束
    SCK=0;
```

```
        return error;                          //返回 error，若没确定完成，则 error=1
    }
    //从 SENSI-BUS(SENSI-总线)读取 1 字节数据
    unsigned char s_read_byte(unsigned char ack)
    {
        unsigned char i,val=0;
        DATA=1;                                //释放 DATA-line
        for(i=0x80;i>0;i/=2)                   //从 SENSI-BUS 读取 1 字节赋给变量 val
        {
            SCK=1;                             //将 SCK 引脚置高位
            if(DATA)                           //逐位读取
                    val=(val | i);
            SCK=0;
        }
        DATA=!ack;                             //若 ack 为 1，则将 DATA 拉低
        SCK=1;                                 //SCK 引脚第 9 次置高位
        _nop_();_nop_();_nop_();               //延迟 5μs
        SCK=0;
        DATA=1;                                //释放 DATA-line
        return val;                            //返回 val 值
    }

    //启动传输函数
    void s_transstart(void)
    {
        DATA=1;SCK=0;                          //初始状态
        _nop_();
        SCK=1;
        _nop_();
        DATA=0;
        _nop_();
        SCK=0;
        _nop_();_nop_();_nop_();
        SCK=1;
        _nop_();
        DATA=1;
        _nop_();
        SCK=0;
    }

    //通信复位函数
    //通信复位:当保持 DATA 为高电平时，至少发出 9 次时钟信号，然后调用 s_stransstart()发送一个
启动时序
    void s_connectionreset(void)
    {
        unsigned char i;
        DATA=1;SCK=0;                          //初始状态
        for(i=0;i<9;i++)
        {
            SCK=1;
            SCK=0;
        }
        s_transstart();                        //启动传输
    }

    //软件重置传感器
    unsigned char s_softreset(void)
```

```c
{
    unsigned char error=0;
    s_connectionreset();                          //重置通信
    error+=s_write_byte(RESET);                    //向传感器发送重置指令
    return error;                                  //返回 error，如果传感器无反应，则 error=1
}

//读状态寄存器和校验(8bit)
char s_read_statusreg(unsigned char *p_value,unsigned char *p_checksum)
{
    unsigned char error=0;
    s_transstart();                                //启动传输
    error=s_write_byte(STATUS_REG_R);              //向传感器发送指令
    *p_value=s_read_byte(ACK);                     //读状态寄存器(8 位)
    *p_checksum=s_read_byte(noACK);                //读校验和(8 位)
    return error;
}

//写状态寄存器和校验和(8 位)
char s_write_statusreg(unsigned char *p_value)
{
    unsigned char error=0;
    s_transstart();                                //启动传输
    error+=s_write_byte(STATUS_REG_W);             //向传感器发送指令
    error+=s_write_byte(*p_value);                 //发送从状态寄存器读到的值
    return error;                                  //返回 error，如果传感器无返回，则 error>=1
}

//测量温度、湿度
unsigned char s_measure(unsigned char *p_value,unsigned char *p_checksum,unsigned char mode)
{
    unsigned char error=0;
    unsigned int i;

    s_transstart();
    switch(mode)                                   //启动传输
    {
        case TEMP:error+=s_write_byte(MEASURE_TEMP);break;
        case HUMI:error+=s_write_byte(MEASURE_HUMI);break;
        default:break;
    }
    for(i=0;i<65535;i++)
        if(DATA==0)    break;                      //等待传感器完成测量，暂停 2s

    if(DATA) error+=1;
    *(p_value)=s_read_byte(ACK);                   //读第一字节(MSB)
    *(p_value+1)=s_read_byte(ACK);                 //读第二字节(LSB)
    *p_checksum=s_read_byte(noACK);                //读校验和
    return error;
}

                                                   //串口初始化
                                                   //9600bit/s   11.0592MHz
void init_uart()
{
    SCON=0x52;
    TMOD=0x20;
```

```
        TCON=0x69;
        TH1=0xfd;
}

//计算温度和相对湿度
//输入:测量得到的湿度和温度(12 位)
void calc_sth11(float *p_humidity,float *p_temperature)
{
        const float C1=-4.0;                    //12 位
        const float C2=+0.0405;                 //12 位
        const float C3=-0.0000028;              //12 位
        const float T1=+0.01;                   //14 位@ 5V
        const float T2=+0.00008;                //14 位@ 5V

        float rh=*p_humidity;                   //rh:相对湿度[Ticks] 12 位
        float t=*p_temperature;                 //t:温度[Ticks] 14 位
        float rh_lin;                           //rh_lin:湿度线性
        float rh_true;                          //rh_true:补偿后的湿度
        float t_C;                              //t_C:实际温度

        t_C=t*0.01-40;                          //计算实际温度
        rh_true=(t_C-25)*(T1+T2*rh)+rh_lin;
        //补偿湿度传感器的非线性，以获取准确数
        //以此公式计算修正补偿后的湿度
        if(rh_true>100) rh_true=100;            //若 rh_true 大于 100，则取 100
        if(rh_true<0.1)   rh_true=0.1;
        //若 rh_true 小于 0.1，则取 0.1，以保证其值在可能的物理范围内

        *p_temperature=t_C;                     //返回温度
        *p_humidity=rh_true;                    //返回湿度
}

//计算露点
//输入:测量得到的湿度和温度
//输出:露点
float calc_dewpoint(float h,float t)
{
        float logEx,dew_point;
        logEx=0.66077+7.5*t/(237.3+t)+(log10(h)-2);
        dew_point=(logEx-0.66077)*237.3/(0.66077+7.5-logEx);
        return dew_point;
}
//主程序
//这个程序展示了怎样使用 SHT11 的功能
//1、重置连接
//2、测量湿度(12 位)和温度(14 位)
//3、计算相对湿度和温度
//4、计算露点
//5、通过串口发送温度、湿度和露点数据
void main()
{
        value humi_val,temp_val;
        float dew_point;
        unsigned char error,checksum;
        unsigned int i;
```

```
        init_uart();
        s_connectionreset();
        while(1)
        {
            error=0;
            error=s_measure((unsigned char*)&humi_val.i,&checksum,HUMI);
            //测量湿度
            //printf("measure humidity error:%d\r\n",(int)error);
            error=s_measure((unsigned char*)&temp_val.i,&checksum,TEMP);
            //测量温度
            //printf("measure temperature error:%d\r\n",error);
            //error=0;
            if(error!=0)
            {
                s_connectionreset();                      //如果出错，则重置连接
            //printf("error:%d",(int)error);
            }
            else
            {
                humi_val.f=(float)humi_val.i;             //将整型数据转换为浮点型数据
                temp_val.f=(float)temp_val.i;             //将整型数据转换为浮点型数据
                calc_sth11(&humi_val.f,&temp_val.f);      //计算湿度、温度
                dew_point=calc_dewpoint(humi_val.f,temp_val.f); //计算露点
                printf("当前温度:%5.1fC 当前湿度:%5.1f%% 露点:%5.1fC\n",temp_val.f,
                humi_val.f,dew_point);
            }
            for(i=0;i<40000;i++) ;                        //等待 0.8s 以免传感器过热
        }
    }
```

程序说明

下面两行代码定义了传感器的通信引脚。

```
#define    DATA    P1.3
#define    SCK     P1.2
```

以下程序分别定义了写数据、读数据、测温、测湿、重置的指令码。

	// adr(地址位)	command(指令)	r/w
#define STATUS_REG_W 0x06 //	000	0011	0
#define STATUS_REG_R 0x07 //	000	0011	1
#define MEASURE_TEMP 0x03 //	000	0001	1
#define MEASURE_HUMI 0x05 //	000	0010	1
#define RESET 0x1e //	000	1111	0

程序在初始化串口后，首先调用 s_connectionreset()函数执行通信复位。通信复位时序图如图 6.4 所示。当保持 DATA 为高电平时，发出至少 9 次 Clock 信号，然后调用 s_transstart()函数发送一个启动传输时序。

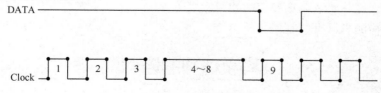

图 6.4　通信复位时序图

启动传输时序图如图 6.5 所示：当 Clock 信号为高电平时，DATA 翻转为低电平，接着

Clock 信号变为低电平，然后在 Clock 信号为高电平时，DATA 翻转为高电平，如图 6.5 所示。后续命令包含 3 个地址位（目前只支持"000"）和 5 个命令位。SHT11 会以下述方式表示已正确地接收到指令：在第 8 个 Clock 信号下降沿之后，将 DATA 被拉为低电平（ACK 位）。在第 9 个 Clock 信号下降沿之后，释放 DATA（恢复高电平）。

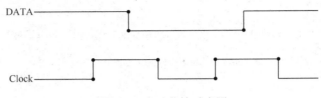

图 6.5　启动传输时序图

　　程序通过向传感器发送命令测量温湿度，发送 00000011 表示测量温度，发送 00000101 表示测量湿度。在发送测量命令后，控制器需要等待测量结束，这个过程大概需要 11/55/210ms（分别对应 8/12/14 位的测量），确切时间与晶振有关。SHT11 模块通过下拉 DATA 至低电平，表示测量结束。控制器在触发 Clock 信号前，必须等待这个完成信号。

　　在启动传输后，接着传输 2 字节的测量数据和 1 字节的 CRC 奇偶校验位。单片机需要通过下拉 DATA 为低电平，来确认每字节。所有的数据从 MSB 开始，右边的数据有效（例如，对于 12 位数据，从第 5 个 Clock 信号起算作 MSB；而对于 8 位数据，首字节则无意义）。用 CRC 数据的确认位表明通信结束。如果不使用 CRC-8 校验，控制器可以在测量值 LSB 后，通过保持确认位 ASK 高电平来中止通信。

　　对于所测数据如何换算成物理量，已在本任务前面介绍过，这里不再赘述。程序根据当前所读取的数据，通过公式计算，得到温湿度及露点，然后输出温湿度和露点的值。

任务 6.2　温湿度检测机器人的制作

　　本任务要求将在任务 6.1 中编写的温湿度检测程序与在第 5 章中开发的漫游机器人结合起来，让机器人在漫游的过程中每隔 5s 测量 1 次温湿度，并将测量结果显示到 LCD 上。

　　修改并补充任务 6.1 中的主程序，让机器人一边漫游，一边通过 LCD 显示测量到的温湿度数据。机器人漫游可以采用第 5 章中的红外测距云台传感器进行导航。

　　在修改程序时注意单片机接口资源的分配。

工程素质和技能归纳

① SPI 技术与智能传感器技术的应用。
② 智能温湿度传感器驱动程序的编写。
③ 温湿度检测机器人的制作。

科学精神的培养

① 查阅资料，进一步了解 SPI 技术。
② 查阅资料，了解单片机的另一种外设扩展通信技术 I^{2}C，并对两者的优缺点进行比较。

第7章　综合比赛项目
——"机器人高铁游中国"比赛

"机器人高铁游中国"是"中国教育机器人大赛"的标准比赛任务，任务如下。

设计一个基于 AT89S52 单片机或者 STM32 单片机的小型轮式移动机器人，从起始城市出发游览在赛前一小时抽签决定的城市，并回到起始城市。在游览过程中，机器人必须能够读取在每个城市点位布置的 RFID 标签卡，根据读取到的信息确定城市名称，并通过语音播放模块将城市名称播报出来。

通过"机器人高铁游中国"比赛任务的设计与实现，读者可以学习和掌握以下技能。

① RFID 读卡器与单片机的集成技术。

② 电子标签数据库的构建和查询。

③ 语音播放模块的编程和单片机应用编程技术。

"中国教育机器人大赛"中"机器人高铁游中国"高级比赛任务的比赛场地与初级比赛场地一样，如图 7.1 所示。

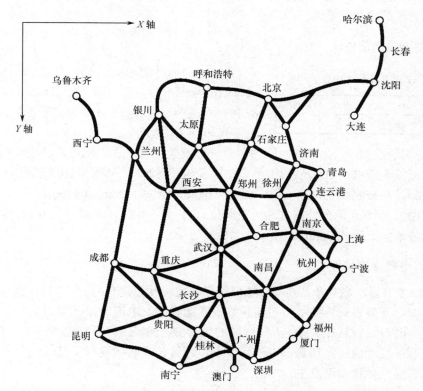

图 7.1　"中国教育机器人大赛"中"机器人高铁游中国"的比赛场地

任务 7.1　采用 RFID 读卡器读取 RFID 卡号

RFID 读卡器介绍

本章使用的 RFID 读卡器如图 7.2 所示，该读卡器具有以下特点。

① 可低功耗读取无源 RFID 卡（标签卡）。

② 采用串口，波特率为 9600bit/s。

③ 输入 0xab 时，允许启用软件。

图 7.2　RFID 读卡器

该读卡器只能读取 EM4100 无源电子标签卡，这些电子标签卡属于只读系列 125kHz 标签卡，每个标签卡包含一个唯一的标识符（ID）。RFID 读卡器在读到 ID 后，通过串口将其传输给单片机或其他信息处理设备。

RFID 读卡器通信协议

表 7.1　RFID 读卡器发送信息的格式

ID				校验码
字节 1	字节 2	字节 3	字节 4	字节 5

当 RFID 读卡器开始工作，并且 RFID 标签在其有效读取的范围内时，其将唯一的 ID 以 4 字节的十六进制 ID 和 1 字节的校验码的方式发送给主机，发送信息的格式如表 7.1 所示。

单片机在接收 RFID 读卡器发回的信息时，校验码有助于识别正确的接收信息。前面 4 字节是实际标签卡的唯一 ID，最后 1 字节是校验码。例如，1 个标签卡的有效 ID 是 008e3dc6（0009321926），将按照如下位来发送：0x00，0x8e，0x3d，0xc6，0x75。

所有的通信都传送 8 个数据位（无校验位）、1 个停止位，从最低位开始。RFID 读卡器串口通信波特率固定为 9600bit/s。

RFID 读卡器接口特性

当 RFID 读卡器上电且单片机 TX 端口给模块发一次启动信号时，RFID 读卡器进入一次有效状态，驱动天线查询标签卡。该模块处于活动状态，电流消耗会增加。

当标签卡面对天线且在 RFID 天线区域的正前方，保证距离不超过 5cm 时，RFID 读卡器即可正常读取标签卡信息。在复杂电磁环境中，建议在读取标签卡信息过程中增加 1s 间隔，避免由于电磁噪声导致误读发生。

RFID 读卡器直流特性

在 Vcc=5V，Ta=25℃时，RFID 读卡器的直流特性如表 7.2 所示。

表 7.2　RFID 读卡器的直流特性

参　数	符　号	测　试	规　范			单　位
		条　件	最　小　值	标　准	最　大　值	
电源电压	Vcc	—	4.5	5.0	5.5	V
空闲电流	I_{IDLE}	—		10	—	mA
激活电流	I_{CC}	—		100	—	mA
输入低电压	V_{IL}	4.5V≤Vcc≤5.5V	—		0.8	V
输入高电压	V_{IH}	4.5V≤Vcc≤5.5V	2.0		—	V
输出低电压	V_{OL}	Vcc=4.5V			0.6	V
输出高电压	V_{OH}	Vcc=4.5V	Vcc−0.7		—	V

RFID 读卡器引脚说明

RFID 读卡器仅用 4 个引脚（Vcc，TX，RX，GND），4 个引脚的说明如表 7.3 所示，引脚排列如图 7.3 所示。

表 7.3　RFID 读卡器 4 个引脚的说明

序　号	引　脚	类　型	功　能
1	Vcc	电源	系统电源，5V DC 输入
2	RX	输入	模块使能引脚。给模块发送 0xab，使能 RFID 读卡器和激活天线读取标签卡（发送一次，模块工作一次）
3	TX	输出	串行输出 TTL 电平接口，波特率为 9600bit/s，包含 8 个数据位，1 个停止位，无校检位
4	GND	地	系统地，连接到电源地

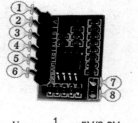

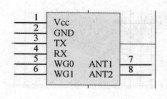

图 7.3　RFID 读卡器的引脚排列

RFID 读卡器的安装和电路连接

RFID 读卡器的安装

本任务需要将 RFID 读卡器安装到机器人的前端，安装 RFID 读卡器所需的配件包括：
RFID 读卡器 1 个、M3×20 单通铜螺柱 1 个、开槽连接杆件 1 个、4-Pin 杜邦线 1 条、螺钉和
螺母若干、导线若干。

在安装 RFID 读卡器所需的机械配件中，M3×20 单通铜螺柱和开槽连接杆件分别如图 7.4
和图 7.5 所示。

图 7.4　M3×20 单通铜螺柱　　　　　　图 7.5　开槽连接杆件

用连接件和连接杆将 RFID 读卡器固定于机器人的前端，具体的安装方式如图 7.6 和
图 7.7 所示。

图 7.6　RFID 读卡器安装图一　　　　　　图 7.7　RFID 读卡器安装图二

RFID 读卡器的电路连接

RFID 读卡器各引脚与 C51 教学板的连接方式如表 7.4 所示。

表 7.4　RFID 读卡器各引脚与 C51 教学板的连接方式

RFID 读卡器引脚	C51 教学板引脚
Vcc	5V
TX	P30
RX	P26
GND	GND

RFID 读卡器读取标签卡信息程序

程序设计

先将 RFID 读卡器安装在机器人的底部中心，并将 RFID 读卡器与 C51 教学板连接好，接着编写一个用 RFID 读卡器读取标签卡信息的程序，该程序要完成如下功能。

① 驱动 RFID 读卡器，使 RFID 读卡器正常工作。

② 读取标签卡信息，并在 PC 上显示标签卡 ID 的后 5 位。

RFID 读卡器读取标签卡信息程序如下。

```
/*********************************************************************
        //工程名:read_RFID.C
        //功能:读取标签卡的 ID，显示在串口调试助手中，波特率为 9600bit/s
        //目标 MCU:AT89S52
        //晶振频率:11.0592MHz
**********************************************************************/
        #include <at89x52.h>
        #include <Boebot.h>
        #include <uart.h>
        /*用软件串口给读卡器发送 0xab，使用硬件串口进行读卡数据处理，并用硬件串口打印 ID，解决
串口冲突问题*/
        /*-------------------------------------------------------
        读卡器  TX-----------P3^0   硬件串口  RX
                RX-----------P2^6   软件串口  TX
        -------------------------------------------------------*/
        sbit TXD1 = P2^6;       //用 I/O 端口模拟串口发送端
        sbit RXD1 = P2^7;       //用 I/O 端口模拟串口接收端

        bit T96;                //定时器 0，溢出标志变量

        unsigned int UID;       //ID 转换存储变量
        unsigned int UIDA[5];   //存储读卡数据数组

        #define uchar unsigned char
        #define uint    unsigned int

        unsigned int GetUID(void);
        void init_serial(void);
        void Wait96(void);
        void TXByte(char x);
        char RXByte(void);
        void init_serial(void);

        //---------------------------------------
        void main()
```

```
    {
        char   i;
        uart_Init();            //串口初始化函数
        T96 = 1;                //清标志
        TH0 = 160;              //初值=256-96=160
        IE = 0x82;
        TMOD=0x02;
        while(1)
        {
            ES=0;       //读卡器硬件要求，关闭串口中断
            do
            {
                TXByte(0xAB);
                //通过软串口，向读卡器发送读卡启动信号，并等待读卡器返回第一个数据，硬件
串口接收标志置 1
            }
            while(RI==0);

            if(GetUID()!=0)
            {
                UID=UID&0xFFFF; //显示后 5 位用；
                ES=1;                   //开启串口中断，串口打印数据需要开启中断
                delay_nms(100);
                printf("%u \n",UID);
            }
        }
    }
//----------------------------------------
void Wait96(void)           //延时，控制波特率
{
    while(T96);             //等待出现 0
    T96 = 1;               //清标志
}
//----------------------------------------
void TXByte(char x)       //发送一帧数据
{
    char i;

    TL0 = 160;             //初值=256-96=160
    TXD1 = 0;              //发送起始位 0
    TR0 = 1;               //启动定时器
    Wait96();              //等待 96T

    for (i = 0; i < 8; i++)
```

```
    { //8 位数
        TXD1 = x & 1;      //先传低位
        x >>= 1;
        Wait96();          //等待 96T
    }

    TXD1 = 1;              //发送结束位 1
    Wait96();              //等待 96T
    TR0 = 0;               //关闭定时器
}
//------------------------------------
char RXByte()              //接收一帧数据
{
    char i;
    unsigned char y=0;

    TL0 = 160;             //初值=256-96=160
    if(RXD1==0)            //接收起始位 0
    {
        TR0 = 1;           //启动定时器
        Wait96();          //等待 96T

        for (i = 0; i < 8; i++)
        { //8 位数
            y >>= 1;
            if (RXD1)
            {
            y|=0x80;       //先接收低位
            }
            Wait96();      //等待 96T
        }

        if(RXD1==1)
        {
            P1=y;
            return 1;
        }      //发送结束位 1
    }
    TR0 = 0;               //关闭定时器
}
//------------------------------------
unsigned int GetUID(void)
{
    unsigned char i,j;
```

```
        //若接收到串口数据，则会进入这个 if
        if(RI != 0)
        {
                //一次共 5 字节
                for(i = 0; i < 5; i ++)
                {
                        //整个函数的关键就是这个 j，j 在这里用于计时
                        //若 RI 不等于 0 或者 j 已经为 0 了，都会跳出循环
                        j = 250;
                        //循环一次大概需要 5μs，循环 250 次就过了 1250μs
                        //串口发送数据的间隔在 1000μs 左右
                        while(RI == 0 && --j);

                        RI = 0;
                        //若 j 为 0，则说明没有连续的数据来了，就要跳出
                        //若没有接收到 5 字节，这里跳出后的 i 则不会等于 5，下面 65 行则可以判断为接
收错误

                        if(j == 0)
                        {
                                break;
                        }
                        UIDA[i] = SBUF;
                }
                // 【调试时】可以显示一下这个 i 是多少，表示接收到几个数据
                // 【到这里】也可以把 UIDA[]显示出来，可以知道都接收了哪些数据
                if(i == 5)
                {
                        if((UIDA[0] ^ UIDA[1] ^ UIDA[2] ^ UIDA[3] ^ UIDA[4]) == 0)
                        //数据校验，UIDA[4]为校验码
                        {
                                UID = UIDA[0];
                                UID <<= 8;
                                UID |= UIDA[1];
                                UID <<= 8;
                                UID |= UIDA[2];
                                UID <<= 8;
                                UID |= UIDA[3];
                                return 1;
                        }
                }
        }
        return 0;
}
//-------------------------------------
```

```
void inttime0() interrupt 1 //T0 中断
{
    T96 = 0;             //设置标志
}
```

程序说明

程序首先定义和初始化一些变量,再进行以下操作。

```
char   i;
uart_Init();         //串口初始化函数
T96 = 1;             //清标志
TH0 = 160;           //初值=256-96=160
IE = 0x82;
TMOD=0x02;
```

第 2 行置 RFID 串口初始化函数,此时 RFID 读卡器处于上电待机状态;第 3 行清除模拟串口定时器等待时间的标志;第 4~6 行是初始化定时器寄存器设置,并设定定时器的定时/计数模式。

程序先进入第一个循环,再进入第二个循环。在第二个循环中不断给 RFID 读卡器发送 0xab,同时判断串口中断接收标志 RI 是否为 1,若标志 RI 为 1,则 RFID 读卡器读取标签卡信息成功,结束 0xab 发送;若标志 RI 为 0,则 RFID 读卡器未读取标签卡信息或读取失败,继续发送 0xab。

在发送成功后进入 RFID 数据解析函数 GetUID(),进入判断语句对标签卡信息进行处理,并将标签卡 ID 的后 5 位显示在 PC 上,否则循环执行之前的操作。

程序编译并下载到安装好 RFID 读卡器的机器人上,打开 C51 教学板电源开关,并用串口线将 C51 教学板与 PC 连接起来,打开串口调试助手,查看当标签卡放置在 RFID 读卡器上方时显示在 PC 上的数字信息。图 7.8 所示为 PC 接收到的机器人读取的标签卡信息。

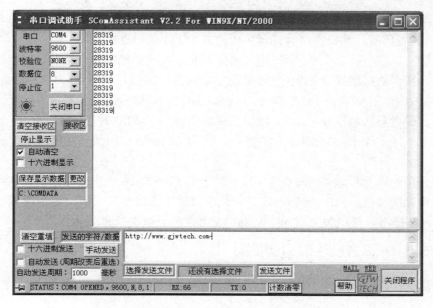

图 7.8　PC 接收到的机器人读取的标签卡信息

任务 7.2 利用语音芯片播报景点

WT588D 语音芯片介绍

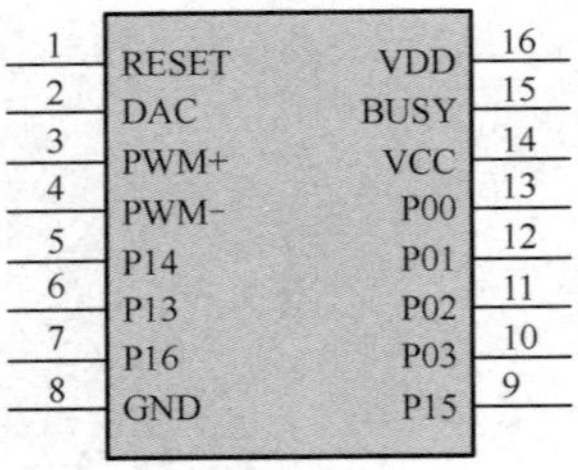

图 7.9 WT588D 语音芯片引脚图

WT588D 是一款功能强大的可重复擦写的语音芯片。配备 WT588D VoiceChip 上位机操作软件，用于修改 WT588D 语音芯片的控制模式，并把信息下载到 SPI-Flash 上。该软件操作简单易懂，融合了语音组合技术，大大减少了语音编辑的时间，且完全支持在线下载，即便是在 WT588D 通电的情况下，仍然可以通过下载器给关联的 SPI-Flash 下载信息。更多 WT588D 语音芯片的知识读者可查阅相关资料学习。本任务使用的 WT588D 语音芯片采用 16Pin 封装方式，其引脚图如图 7.9 所示。

WT588D 语音芯片功能概述

WT588D 语音芯片的控制模式有 MP3 控制模式、按键控制模式、3×8 按键组合控制模式、并口控制模式、一线串口控制模式和三线串口控制模式。

① MP3 控制模式。MP3 控制模式下的功能有播放/暂停、停止、上一曲、下一曲、音量+、音量-。

② 按键控制模式。按键控制模式下触发方式灵活，按键的触发方式包括脉冲可重复触发、脉冲不可重复触发、无效按键、电平保持不可循环、电平保持可循环、电平非保持可循环、上一曲不循环、下一曲不循环、上一曲可循环、下一曲可循环、音量+、音量-、播放/暂停、停止、播放/停止，共 15 种，最多可控制 10 个按键触发输出。

③ 3×8 按键组合控制模式。在 3×8 按键组合控制模式下该芯片能以脉冲可重复触发的方式触发 24 个地址位语音，所触发地址位语音可在 0～219 之间设置。

④ 并口控制模式。并口控制模式最多可用 8 个 I/O 端口进行控制。

⑤ 一线串口控制模式。一线串口控制模式可通过发码端控制语音播放、停止、循环播放和音量大小，或者直接触发 0～219 地址位的任意语音，发码时间为 600～2000μs。

⑥ 三线串口控制模式。三线串口控制模式可通过发码端控制语音播放、停止、循环播放和音量大小，或者直接触发 0～219 地址位的任意语音，三线串口控制 I/O 端口扩展输出可以扩展输出 8 位，在两种模式下切换，能使上一个模式的最后一种状态（保持着）进入下一个模式。

本任务使用的语音模块是 WTW500-16，对于 WTW500-16 语音模块来说，其可实现的控制模式有按键控制模式、MP3 控制模式、一线串口控制模式和三线串口控制模式。而并口控制模式、3×8 按键组合控制模式对 WTW500-16 语音模块来说是无效的。

WTW500–16 语音模块的引脚说明

WTW500-16 语音模块各引脚与 WT588D 相同，引脚的说明如表 7.5 所示。

表 7.5　WTW500-16 语音模块各引脚的说明

封 装 引 脚	引 脚 标 号	简　述	功 能 描 述
1	RESET	RESET	复位引脚
2	PWM+/DAC	PWM+/DAC	PWM+/DAC 音频输出引脚，视功能设置而定
3	PWM+/DAC	PWM+/DAC	PWM+/DAC 音频输出引脚，视功能设置而定
4	PWM−	PWM−	PWM-音频输出引脚
5	P14	DI	烧写程序数据输入引脚
6	P13	D0	烧写程序数据输出引脚
7	P16	CLK	烧写程序时钟引脚
8	GND	GND	地线引脚
9	P15	CS	烧写程序片选引脚
10	P03	K4/CLK/DATA	按键/三线时钟/一线数据输入引脚
11	P02	K3/CS	按键/三线片选输入引脚
12	P01	K2/DATA	按键/三线数据输入引脚
13	P00	K1	按键输入引脚
14	VCC	VCC	存储器电源输入引脚
15	BUSY	BUSY	语音播放忙信号输出引脚
16	VDD	VDD	数字电源输入引脚

本任务控制 WTW500-16 语音模块的模式是三线串口控制模式，三线串口控制模式由 3 条通信线组成，分别是片选线 CS（P02）、数据线 DATA（P01）和时钟线 CLK（P03），时序根据标准 SPI 通信方式确定。通过三线串口可以实现语音芯片的命令控制和语音播放功能。表 7.6 和表 7.7 为语音命令对应表和语音地址对应关系表。

表 7.6　语音命令对应表

命　令	功　能	描　述
0xe0~0xe7	音量调节	在语音播放或待机状态下发送此命令可以调节 8 级音量，0xe0 音量最小，0xe7 音量最大
0xf2	循环播放	在语音播放过程中发送此命令可循环播放当前地址语音
0xfe	停止语音播放	停止播放语音命令
0xf5	进入 I/O 扩展输出	在常规三线串口模式下，发送此命令可进入 I/O 端口扩展输出状态
0xf6	退出 I/O 扩展输出	在 I/O 端口扩展输出状态下，发送此命令可进入常规三线串口控制模式

表 7.7　语音地址对应关系表

数据（十六进制数）	功　能
0x00	播放第 0 段语音
0x01	播放第 1 段语音
0x02	播放第 2 段语音
...	...
0xd9	播放第 217 段语音
0xda	播放第 218 段语音
0xdb	播放第 219 段语音

语音芯片三线控制时序及驱动控制程序

语音芯片三线控制时序

三线串口控制模式由 CS（片选）、CLK（时钟）和 DATA（数据）引脚组成，时序仿照标准 SPI 通信方式，复位信号在发码前先拉低 1～5ms，然后拉高等待 17ms，在工作时 RESET 需要一直保持高电平。片选信号 CS 拉低 2～10ms 以唤醒 WT588D 语音芯片，先接收数据低位，在时钟的上升沿接收数据。时钟周期在 100μs～2ms 之间，推荐使用 300μs。在数据成功接收后，语音播放忙信号 BUSY 和输出语音信号在 20ms 之后做出响应。当发送数据时先发送低位，再发送高位，无须先发送命令码再发送指令。D0～D7 表示一个地址或者命令数据，数据中的 0x00～0xdb 为地址指令，0xe0～0xe7 为音量调节命令，0xf2 为循环播放命令，0xfe 为停止播放命令，0xf5 为进入三线串口控制 I/O 端口扩展输出命令，0xf6 为退出三线串口控制 I/O 端口扩展输出命令。图 7.11 所示为三线控制时序图。

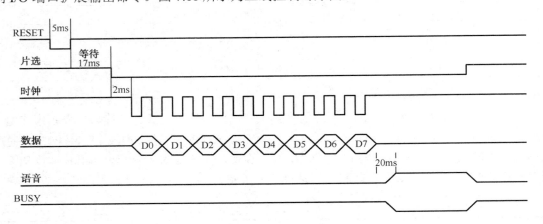

图 7.10　三线控制时序图

语音芯片三线控制驱动程序

语音芯片在三线控制模式下与 C51 教学板的电路连接方式如表 7.8 所示。

表 7.8　语音芯片与 C51 教学板的电路连接方式

语音芯片引脚	C51 教学板引脚	说　　明
RST	P14	用于语音芯片复位
GND	GND	电源地
VDD	5V	5V 电源供电
P01	P20	三线串口控制模式下的数据输入
P02	P22	三线串口控制模式下的时钟输入
P03	P21	三线串口控制模式下的片选输入
PW+	接扬声器正极（非 C51 教学板引脚）	语音芯片控制扬声器正极
PW−	接扬声器负极（非 C51 教学板引脚）	语音芯片控制扬声器负极

语音芯片三线控制驱动程序如下。

```
#include <at89x51.h>
```

```
sbit RST=P1^4;        //P1_4 为 P1 端口的第 3 位      //复位引脚(语音芯片的 RST 引脚)
sbit CS=P2^1;         //P2_1 为 P2 端口的第 2 位      //片选引脚(语音芯片的 P02 引脚)
sbit SCL=P2^2;        //P2_2 为 P2 端口的第 3 位      //时钟引脚(语音芯片的 P03 引脚)
sbit SDA=P2^0;        //P2_0 为 P2 端口的第 1 位      //数据引脚(语音芯片的 P01 引脚)

//sbit DENG=P3^7;     //P3_5 为 P3 端口的第 6 位
void delay1ms(unsigned char count)                   //1ms 延时子程序
{
    unsigned char i,j,k;
    for(k=count;k>0;k--)
        for(i=2;i>0;i--)
            for(j=248;j>0;j--);
}
void delay100us(void)                                //100μs 延时子程序
{
    unsigned char j;
    for(j=50;j>0;j--);
}
void Send_threelines(unsigned char addr)             //三线发码子程序
{
    unsigned char i;
    RST=0;
    delay1ms(5);
    RST=1;
    delay1ms(17);           //17ms
    CS=0;
    delay1ms(2);
    for(i=0;i<8;i++)
    {
        SCL=0;
        if(addr & 1)
            SDA=1;
        else
            SDA=0;
        addr>>=1;
        delay100us();       //100μs
        SCL=1;
        delay100us();
    }
    CS=1;
}
```

任务 7.3 实现"机器人高铁游中国"比赛任务

机器人相关传感器安装

将 4 个 QTI(Quick Track Infrared)传感器安装在机器人的前端,机器人安装完成正面图和底部图分别如图 7.11 和图 7.12 所示,参照任务 7.1 中的内容将 RFID 读卡器安装在机器人的前端,参照任务 7.2 中的介绍将语音芯片插在面包板上,安装好播音喇叭,完成接线,机器人安装完成的侧面图和顶部图分别如图 7.13 和图 7.14 所示。为了方便读者查阅,这里将 8 个 QTI 传感器、RFID 读卡器、语音芯片与 C51 教学板的引脚连接方式一起列出(部分为重复列出),如表 7.9~表 7.11 所示。

图 7.11 机器人安装完成正面图

图 7.12 机器人安装完成底部图

图 7.13 机器人安装完成侧面图

图 7.14 机器人安装完成顶部图

表 7.9 8 个 QTI 传感器与 C51 教学板的引脚连接方式

QTI 传感器编号	传感器输出信号引脚（SIG 引脚）	C51 教学板引脚
QTI1	SIG1	P00
QTI2	SIG2	P01
QTI3	SIG3	P02
QTI4	SIG4	P03
QTI5	SIG4	P04
QTI6	SIG4	P05
QTI7	SIG4	P06
QTI8	SIG4	P07

表 7.10 RFID 读卡器与 C51 教学板的引脚连接方式

RFID 读卡器引脚	C51 教学板引脚
Vcc	5V
TX	P30
RX	P26
GND	GND

表 7.11　语音芯片与 C51 教学板的引脚连接方式

语音芯片引脚	C51 教学板引脚	说　明
RST	P14	用于语音芯片复位
GND	GND	电源地
VDD	5V	5V 电源供电
P01	P20	三线串口控制模式下的数据输入
P02	P22	三线串口控制模式下的时钟输入
P03	P21	三线串口控制模式下的片选输入
PW+	接扬声器正极（非 C51 教学板引脚）	语音芯片控制扬声器正极
PW–	接扬声器负极（非 C51 教学板引脚）	语音芯片控制扬声器负极

"机器人高铁游中国"程序设计

机器人循线算法

安装在机器人前端的 4 个 QTI 传感器主要用于探测黑线，机器人根据 4 个 QTI 传感器的探测结果执行相应的移动策略。机器人循线移动策略如表 7.12 所示。

表 7.12　机器人循线移动策略

P03（QTI4）	P02（QTI3）	P01（QTI2）	P00（QTI1）	移动策略
1	0	0	0	左转一步
1	1	0	0	左转一步
0	1	0	0	左转一步
0	0	1	0	右转一步
0	0	1	1	右转一步
0	0	0	1	右转一步
0	1	1	0	前进一步
其他				前进一步

安装在后端的 QTI 传感器除可以用于指导机器人循线移动外，还可以指导机器人进行反向移动。根据 QTI 传感器返回的数据判断机器人所处的当前位置的方法如表 7.13 所示。

表 7.13　根据 QTI 传感器返回的数据判断机器人所处的当前位置的方法

P07（QTI8）	P06（QTI7）	P05（QTI6）	P04（QTI5）	移动策略
1	0	0	0	左转一步
1	1	0	0	左转一步
0	1	0	0	左转一步
0	0	1	0	右转一步
0	0	1	1	右转一步
0	0	0	1	右转一步
0	1	1	0	前进一步
其他				前进一步

"机器人高铁游中国"算法说明

本程序使用的算法是基于数字地图的向量分析法，读者如果第一次接触该算法，可以多次阅读和思考该算法的思路。

图 7.1 已经给出了"机器人高铁游中国"地图，我们将在地图上建立二维坐标系，并建立对应的城市坐标。各城市对应的(X,Y)坐标和标签卡信息，如表 7.14 所示。

表 7.14　各城市对应的(X,Y)坐标和标签卡信息

城市名	(x,y)坐标	标签卡编号	城市名	(x,y)坐标	标签卡编号
乌鲁木齐	(10.5,66.2)	A1	西宁	(22.5,92.2)	A2
成都	(33.12,165.43)	A3	昆明	(24.04,207.98)	A4
兰州	(44.91,102.11)	A5	银川	(58.26,77.21)	A6
西安	(64.4,122.08)	A7	重庆	(56.16,170.29)	A8
贵阳	(63.17,195)	A9	南宁	(71.07,226.56)	A10
呼和浩特	(86.32,60.56)	A11	太原	(81.59,95.97)	A12
郑州	(99.47,122.78)	A13	武汉	(94.91,156.79)	A14
长沙	(94.04,185)	A15	桂林	(81.84,206.22)	A16
北京	(121.7,67.22)	A17	石家庄	(112.06,94.21)	A18
合肥	(115.04,148.90)	A19	南昌	(121.35,181.33)	A20
广州	(103.29,217.79)	A21	澳门	(102.94,227.96)	A22
天津	(131.88,83.52)	A23	济南	(138.36,106.48)	A24
徐州	(128.72,124.36)	A25	青岛	(152.22,110.69)	A26
连云港	(145.38,123.14)	A27	南京	(137.14,146.10)	A28
上海	(163.10,150.13)	A29	杭州	(155.55,164.15)	A30
宁波	(165.55,168.19)	A31	福州	(144.68,202.37)	A32
厦门	(136.79,210.43)	A33	深圳	(114.16,223.23)	A34
哈尔滨	(186.06,19.36)	A35	长春	(187.82,37.07)	A36
沈阳	(182.91,57.05)	A37	大连	(171.86,76.51)	A38

"机器人高铁游中国"算法思路：首先用数组 M 存储表 7.14 中的城市坐标、城市标签卡信息，用数组 N 存储机器人移动路径。城市标签卡信息会在比赛前公布。机器人通过循线到达某个城市，并通过 RFID 读卡器读取该城市的标签卡信息，将标签卡信息与数组 M 对比找到该城市的坐标 B。再通过机器人移动路径数组 N 获取上一个城市和下一个城市的信息，对照数组 M 找到这两个城市的坐标 A 和 C。最后通过这三个城市的坐标（上一个城市的坐标 A、当前城市的坐标 B、下一个城市的坐标 C）来获知机器人到达下一个城市所在的轨道需转动的方向和角度。在机器人获知转动方向和角度后，便可旋转机器人到达下一个城市的轨道，并循线前往下一个城市。

（1）求转动角度

高中时我们学过用向量求夹角的方法，用向量求夹角公式如式（7.1）和式（7.2）所示。

$$\cos\angle AOB = \frac{\overrightarrow{OA}\cdot\overrightarrow{OB}}{|\overrightarrow{OA}|\cdot|\overrightarrow{OB}|} \tag{7.1}$$

$$\angle AOB = \arccos(\cos\angle AOB) \tag{7.2}$$

基于(X,Y)坐标构建 A、B、C 城市图（1）如图 7.16 所示，设 A 城市为机器人经过的上一个城市，A 城市的坐标为(x1,y1)；B 城市为机器人当前所在的城市，B 城市的坐标为(x2,y2)；C 城市为机器人将要去的下一个城市，C 城市的坐标为(x3,y3)；求∠a 的大小。由于 $\overrightarrow{AB}=(x2-x1,y2-y1)$，$\overrightarrow{BC}=(x3-x2,y3-y2)$。则通过式（7.1）求得 $\cos\angle a=\dfrac{\overrightarrow{AB}\cdot\overrightarrow{BC}}{|\overrightarrow{AB}||\overrightarrow{BC}|}$，再通过式（7.2）求得∠a = arccos(cos∠a)，整理得式（7.3）。根据式（7.3）就可以求出∠a 的大小，机器人便可知道要如何到达 C 城市。

$$\angle a=\arccos\left(\frac{(x2-x1)(x3-x2)+(y2-y1)(y3-y2)}{\sqrt{(x2-x1)^2+(y2-y1)^2}\sqrt{(x3-x2)^2+(y3-y2)^2}}\right) \tag{7.3}$$

由式（7.3）计算得到∠a 的范围是 0～π，只能知道其大小，无法获知 C 点是在 $\overrightarrow{AB}$ 的左边还是右边。这里只解决了转角大小问题，但未解决转角方向问题，下面说明如何判断转角方向。

（2）求转角方向

机器人如何知道下一步要去的城市是在自己运动方向的左边还是右边呢？还需要借助向量来解答这个左右的问题。

基于(X,Y)坐标构建 A、B、C 城市图（2）如图 7.16 所示，假设人站在原点，从脚到头的方向与 Z 轴的方向一致，此时，C 点在 $\overrightarrow{AB}$ 的右侧。假设人站在原点上，从脚到头的方向与 Z 轴的方向相反，此时，C 点在 $\overrightarrow{AB}$ 的左侧。因此，判断一个点是在一个向量的左侧还是右侧与选择的参考方向有密切联系。本算法以 Z 轴反方向作为参考方向，即从脚到头的方向与 Z 轴的方向相反。按照以下步骤便可以求出一个点位于一个向量的左侧还是右侧。

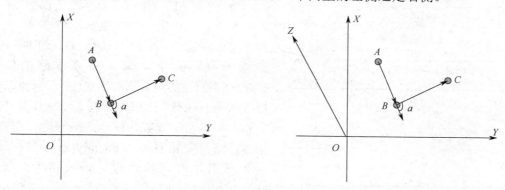

图 7.15 基于(X,Y)坐标构建 A、B、C 城市图（1）　图 7.16 基于(X,Y)坐标构建 A、B、C 城市图（2）

① 先计算∠XAB、∠XBC 的大小，∠XAB 为向量 $\overrightarrow{AB}$ 与 X 轴正方向构成的角，∠XBC 为向量 $\overrightarrow{AB}$ 与 X 轴正方向构成的角。∠XAB 和∠XBC 的取值范围为：0～2π。∠XAB 的计算公式如式（7.4）所示。根据式（7.4）求出∠XAB 和∠XBC 的大小。

$$\begin{cases}\angle XAB=\arccos\dfrac{x2-x1}{\sqrt{(x2-x1)^2+(y2-y1)^2}} & (y2-y1)>0\\[3mm]\angle XAB=2\pi-\arccos\dfrac{x2-x1}{\sqrt{(x2-x1)^2+(y2-y1)^2}} & (y2-y1)\leqslant0\end{cases} \tag{7.4}$$

② 再根据∠XAB 和∠XBC 的大小判断 C 点在 $\overrightarrow{AB}$ 的左侧还是右侧，式（7.5）为判断 C

点在 $\overrightarrow{AB}$ 的左侧还是右侧的公式。

$$\begin{cases} 0 < (\angle XAB - \angle XBC) < \pi & \text{左侧} \\ \pi \leqslant (\angle XAB - \angle XBC) < 2\pi & \text{右侧} \\ 0 < (\angle XBC - \angle XAB) < \pi & \text{右侧} \\ \pi \leqslant (\angle XBC - \angle XAB) < 2\pi & \text{左侧} \end{cases} \tag{7.5}$$

当 $\angle XAB - \angle XBC$ 在 $0\sim\pi$ 之间时，C 点在 $\overrightarrow{AB}$ 左侧；当 $\angle XAB - \angle XBC$ 在 $\pi\sim2\pi$ 之间时，C 点在 $\overrightarrow{AB}$ 右侧；当 $\angle XBC - \angle XAB$ 在 $0\sim\pi$ 之间时，C 点在 $\overrightarrow{AB}$ 右侧；当 $\angle XBC - \angle XAB$ 在 $\pi\sim 2\pi$ 之间时，C 点在 $\overrightarrow{AB}$ 左侧。

机器人只要知道如何转动到达下一个城市所在的轨道上，便可以走完规定的城市旅游路径。

"机器人高铁游中国"算法实现

注意：本演示程序仅为 2017 年比赛地图的演示程序，请读者根据图 7.1 和表 7.14 所示的最新比赛地图任务自行修改及编写程序。

本演示程序规定一条城市播报路线和一条机器人移动路径，城市播报路线为：长沙→深圳→上海→南京→徐州→济南→天津→沈阳→北京→石家庄→郑州→西安→武汉→长沙。机器人移动路径为：长沙→广州→深圳→厦门→福州→宁波→杭州→上海→南京→蚌埠→徐州→济南→天津→沈阳→天津→北京→石家庄→郑州→西安→郑州→武汉→长沙。

"机器人高铁游中国"程序的流程如下：机器人从起点长沙出发，先播报长沙城市名。再朝广州方向循线运动，到达广州后机器人启动 RFID 读卡器读取标签卡信息。将读取到的信息与 city[28][3] 数组的第 3 列数据对比（city[28][3] 数组第 3 列存储 28 个城市的标签卡信息），在找到与之相对的城市后读取该城市的坐标值。先通过城市播报路径数组 Travel_itinerary[13] 获知该城市是否为播报城市，再通过机器人移动路径数组 path[22] 获取上次经过的城市——长沙的坐标，以及下一个将要去的城市——深圳的坐标。在知道 3 个城市坐标后便可以计算出到达深圳所在的轨道需要转动的角度和方向，由于机器人在转动的时候会有一些小误差，因此在转动后需要补充搜索黑线。如果已经在黑线上就不需要搜索了，如果没有在黑线上，则需要搜索。在找到黑线后便可循线移动到下一个城市去深圳，这样循环执行，一直走完机器人移动路径规划的城市，并播报路线上规定的所有城市，然后跳出循环，回到起点停下。

图 7.17 所示为"机器人高铁游中国"的程序流程图。

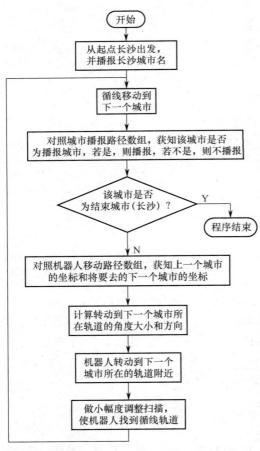

图 7.17 "机器人高铁游中国"的程序流程图

"机器人高铁游中国"的参考源程序

```
#include<Boebot.h>                                //延时头文件
#include<uart.h>                                  //串口初始化头文件
#include <stdio.h>                                //输出头文件
#include<math.h>

/*用软件串口给读卡器发送 0xab，使用硬件串口进行读卡数据处理，并打印 ID，解决串口冲突
问题*/
/*-----------------------------------------------------
读卡器  TX-----------P3^0   硬件串口 RX
        RX-----------P2^6   软件串口 TX
-----------------------------------------------------*/

#define uchar unsigned char
#define uint unsigned int

unsigned int UID;                                //ID 转换存储变量
unsigned int UIDA[5];                            //存储读卡数据数组

unsigned int GetUID(void);

void Wait96(void);
void TXByte(char x);
char RXByte(void);

bit T96;                                         //定时器 0，溢出标志变量
sbit TXD1 = P2^6;                                //用 I/O 端口模拟串口发送端
sbit RXD1 = P2^7;                                //用 I/O 端口模拟串口接收端

#define   pi                3.14
#define   direction_left    1
#define   direction_right   0

//sbit ENABLE = P2^4;      //定义 ENABLE 为 P2^4 引脚使能位。
sbit RST=P2^4; /*P2_3 为 P1 口的第 3 位*/        //复位引脚(语音芯片的 RST 引脚)
sbit CS=P2^1; /*P2_1 为 P2 口的第 2 位*/          //片选引脚(语音芯片的 P02 引脚)
sbit SCL=P2^2; /*P2_2 为 P2 口的第 3 位*/         //时钟引脚(语音芯片的 P03 引脚)
sbit SDA=P2^0; /*P2_0 为 P2 口的第 1 位*/         //数据引脚(语音芯片的 P01 引脚)
sbit right_moter=P1^0;                           //定义右电机端口
sbit left_moter =P1^1;                           //定义左电机端口
sbit Led=P3^3;

float code city[28][3]={/*0 哈尔滨*/{126.21,17.63,61399},/*1 长春*/{124.96,37.93,9039},/*2 沈阳
*/{118.99,59.36,54178},/*3 大连*/{114.33,88.36,55647},/*4 天津*/{81.18,89.39,58096},/*5 北京
*/{54.98,78.19,7879},/*6 石家庄*/{40.19,100.87,49790},/*7 太原*/{14.0,104.46,46549},/*8 济南
*/{74.59,123.79,38568},/*9 青岛*/{107.28,122.48,44594},/*10 徐州*/{81.92,150.91,39383},/*11 郑州
*/{38.03,144.49,61941},/*12 西安*/{7.73,146.65, 9193},/*13 重庆*/{12.05,211.41,20442},/*14 武汉
*/{55.03,199.36, 54570},/*15 合肥*/{82.15,185.43,32400},/*16 南京*/{109.72,180.25,21805},/*17 蚌埠
*/{90.22,164.05,61341},/*18 上海*/{130.59,199.7,58025},/*19 杭州*/{117.06,218.46,35293},/*20 南昌
*/{81.3,231.26,62925},/*21 长沙*/{57.7,236.6,28319},/*22 贵阳*/{17.34,257.98,5652},/*23 广州
*/{64.41,280.73,64064},/*24 深圳*/{78.17,286.41,48921},/*25 厦门*/{106.2,275.33,38346},/*26 福州
*/{128.6,254.3,50616},/*27 宁波*/{140.76,224.04,3818} };
//Travel_itinerary[14]存储 14 个旅行城市编号,path[22]机器人旅行路线编号
char code Travel_itinerary[14]={21,24,18,16,10,8,4,2,5,6,11,12,14,21};
```

```
char code path[22]={21,23,24,25,26,27,19,18,16,17,10,8,4,2,4,5,6,11,12,11,14,21};
uint t,y;

uint RFID(void);                           //RFID 读卡器读取标签卡

void delay1ms(uchar count);                //1ms 延时子程序
void delay100μs(void);                     //100μs 延时子程序
void voice_broadcast(uchar addr);          //语音播报函数
void robot_tourism_high_speed_rail(void);  //机器人高铁游中国函数
void turn_left_f(void);                    //机器人左转函数
void turn_right_f(void);                   //机器人右转函数
void back_f(void);                         //机器人后退函数
void stop(void);                           //机器人停止函数
void forward_f(void);                      //机器人前进函数
void city_site(void);                      //机器人到达站点转动
void led(void);
uchar qtis1,a;                             //两个 QTI 检测记录变量
uchar qtis2;                               //两个 QTI 检测记录变量
uchar city_No=0,Inverse_kinematics_Sign=0;
uchar direction_Angle=0,travel_city=1;
char x;
void main()
{
    uint city_RFID=0;
    char   i;
    Led=0;

    T96 = 1;                               //清标志
    TH0 = 160;                             //初值=256-96=160
    IE = 0x82;
    TMOD=0x02;
    uart_Init();
    printf("串口初始化完      \n"   );
    delay_nms(1000);
/*************************************************************************/
    do
    {
        city_RFID=RFID();
//          delay_nms(10);

        x++;
    }while((city_RFID==0)&&(x<10));
    x=0;
/*******************循环多次，避免出现漏读*****************************/
    printf("%u \n",city_RFID);
//}
     printf("continue \n");

    if(city_RFID==city[Travel_itinerary[0]][2])   //根据长沙标签卡的 ID 播报长沙城市名
    {
        voice_broadcast(Travel_itinerary[0]);
    }
    delay_nms(1000);
    robot_tourism_high_speed_rail();              //开始"机器人高铁游中国"任务

}

//--------------------------------------
```

```
void Wait96(void)          //延时，控制波特率
{
    while(T96);            //等待出现 0
    T96 = 1;               //清标志
}
//----------------------------------------
void TXByte(char x)        //发送一帧数据
{
    char i;

    TL0 = 160;             //初值=256-96=160
    TXD1 = 0;              //发送起始位 0
    TR0 = 1;               //启动定时器
    Wait96();              //等待 96T

    for (i = 0; i < 8; i++)
    { //8 位数
        TXD1 = x & 1;      //先传低位
        x >>= 1;
        Wait96();          //等待 96T
    }

    TXD1 = 1;              //发送结束位 1
    Wait96();              //等待 96T
    TR0 = 0;               //关闭定时器
}
//----------------------------------------
char RXByte()              //接收一帧数据
{
    char i;
    unsigned char y=0;

    TL0 = 160;             //初值=256-96=160
    if(RXD1==0)            //接收起始位 0
    {
    TR0 = 1;               //启动定时器
    Wait96();              //等待 96T

    for (i = 0; i < 8; i++)
    { //8 位数
        y >>= 1;
        if (RXD1)
        {
            y|=0x80;       //先接收低位
        }
        Wait96();          //等待 96T
    }

    if(RXD1==1)
    {
        P1=y;
        return 1;
    }                      //发送结束位 1
    }
    TR0 = 0;               //关闭定时器
}
```

```
//----------------------------------------
unsigned int GetUID(void)
{
    unsigned char i,j;
    //COM_send();
    //如果接收到串口数据，就会进入这个 if
    if(RI != 0)
    {
        //一次共 5 字节
        for(i = 0; i < 5; i ++)
        {
            //整个函数的关键就是这个 j，j 在这里用于计时
            //若 RI 不等于 0 或者 j 已经为 0 了，则会跳出循环
            j = 250;
            //循环一次大概需要 5μs，循环 250 次就过了 1250μs
            //串口发送的数据的间隔在 1000μs 左右
            while(RI == 0 && --j);

            RI = 0;
            //若 j 为 0，说明没有连续的数据来了，则要跳出
            //若没有接收到 5 字节，这里跳出后的 i 不会等于 5，下面 65 行则可以判断为接收
```
错误
```
            if(j == 0)
            {
                break;
            }
            UIDA[i] = SBUF;
//          if(i==5)  //读取读卡器发送上来的数据，查看对应的字节是否正确
//          {
//                  P1=SBUF;
//                  while(1);
//          }
        }
        //【调试时】可以显示一下这个 i 是多少，表示收到几个数据
        //【到这里】也可以把 UIDA[]显示出来，可以知道都收了哪些数据
        if(i == 5)
        {
            if((UIDA[0] ^ UIDA[1] ^ UIDA[2] ^ UIDA[3] ^ UIDA[4]) == 0)
            //数据校验，UIDA[4]为校验码
            {
                UID = UIDA[0];
                UID <<= 8;
                UID |= UIDA[1];
                UID <<= 8;
                UID |= UIDA[2];
                UID <<= 8;
                UID |= UIDA[3];
                return 1;
            }
        }
    }
    return 0;
}
//----------------------------------------
void inttime0() interrupt 1 //T0 中断
{
    T96 = 0;              //设置标志
}
```

```
/*************************************************************
         *函数名:RFID(void)                      *输入:无
         *函数描述:读取 RFID 卡 ID                *输出:RFID 卡 ID
*************************************************************/
unsigned int RFID(void)
{
     int I;
     long int i;
     ES=0;//读卡器硬件要求，关闭串口中断

     for(i=0;i<100;i++)
     {
       TXByte(0xAB);
       //通过软件串口，向读卡器发送读卡启动信号，并等待读卡器返回第一个数据，硬件串口接
```
收标志置 1
```
       I=GetUID();
       if(I==1)
       {
              UID=UID&0xFFFF;          //显示后 5 位用;
              ES=1;                     //开启串口中断，串口打印数据需要开启中断

              delay_nms(100);

              return UID;               //返回 UID，终止循环，跳出程序
       }
     }
     ES=1;                              //开启串口中断，串口打印数据需要开启中断

     return 0;

}

void delay1ms(unsigned char count)     //1ms 延时子程序
{
     unsigned char i,j,k;
     for(k=count;k>0;k--)
            for(i=2;i>0;i--)
                  for(j=248;j>0;j--);
}
void delay100μs(void)                  //100μs 延时子程序
{
     unsigned char j;
     for(j=50;j>0;j--);
}
void voice_broadcast(unsigned char addr)  //语音播报函数
{
     unsigned char i;
     RST=0;
     delay1ms(5);
     RST=1;
     delay1ms(17); /* 17ms*/
     CS=0;
     delay1ms(2);
     for(i=0;i<8;i++)
     {
         SCL=0;
         if(addr & 1)
               SDA=1;
```

```
            else
                    SDA=0;
            addr>>=1;
            delay100μs(); /* 100μs */
            SCL=1;
            delay100us();
        }
    CS=1;
}

/*************************************************************
        函数名:robot_tourism_ high_speed_rail(void)          输入:无
        函数功能:"机器人高铁游中国"主要程序部分              输出:无
**************************************************************/
void robot_tourism_high_speed_rail(void)
{
    while(1)
    {
        if(Inverse_kinematics_Sign%2==0)
        {
            qtis1=( (P0&0x08)?1:0 );
            qtis1=qtis1*2+( (P0&0x04)?1:0 );
            qtis1=qtis1*2+( (P0&0x02)?1:0 );
            qtis1=qtis1*2+( (P0&0x01)?1:0 );

            qtis2=( (P0&0x04)?1:0 );
            qtis2=qtis2*2+( (P0&0x02)?1:0 );
        }
        else
        {
            qtis1=( (P0&0x80)?1:0 );
            qtis1=qtis1*2+( (P0&0x40)?1:0 );
            qtis1=qtis1*2+( (P0&0x20)?1:0 );
            qtis1=qtis1*2+( (P0&0x10)?1:0 );

            qtis2=( (P0&0x40)?1:0 );
            qtis2=qtis2*2+( (P0&0x20)?1:0 );
        }
//      qtis2=0;   //调试用
        switch(qtis1)
        {
            case 0 :                    //0000
            case 5 :                    //0101
            case 6 :                    //0110
            case 7 :                    //0111
            case 9 :                    //1001
            case 10:                    //1010
            case 11:                    //1011
            case 13:                    //1101
            case 14:                    //1110
            case 15:                    //1111
                if(Inverse_kinematics_Sign%2==0)
                {
                        forward_f();
                }
                else
                {
                        back_f();
                }
                        break;
```

```
        case 2 :                                //0010
        case 3 :                                //0011
                if(Inverse_kinematics_Sign%2==0)
                {
                        forward_f();
                        turn_right_f();
                }
                else
                {
                        back_f();
                        turn_right_f();turn_right_f();
                }

                break;
        case 1 :                                //0001
                if(Inverse_kinematics_Sign%2==0)
                {
                        turn_right_f();
                        turn_right_f();
                }
                else
                {
                        turn_right_f();
                        turn_right_f();
                        turn_right_f();
                        turn_right_f();
                }

                break;
        case 4 :                                //0100
        case 12:                                //1100
                if(Inverse_kinematics_Sign%2==0)
                {
                        forward_f();
                        turn_left_f();
                }
                else
                {
                        back_f();
                        turn_left_f();
                        turn_left_f();
                }

                break;
        case 8 :                                //1000
                if(Inverse_kinematics_Sign%2==0)
                {
                        turn_left_f();
                        turn_left_f();
                }
                else
                {
                        turn_left_f();
                        turn_left_f();
                        turn_left_f();
                        turn_left_f();
                }
                break;
        }
```

```
                    //根据两个 QTI 状态执行相应的程序

                    if(qtis2==0)
                    {
                        delay_nms(10);
                        if(qtis2==0)
                        {
                            city_site();

                        }
                        if(city_No>=22)     //游览完所有城市，退出循环
                            break;
                    }

            while(1)
            stop();
    }

//到达城市，播报城市，转到下一个城市的黑线上
void city_site(void)
{
    //direction_Angle 变量用来判断下一个城市是在当前城市与上一个城市构成连线的左边还是
右边

    uint city_RFID;
    int Turn_steps,i;
    double a_b[2],b_c[2],cos_a_b_c,Angle_a_b_c,Angle_a_b,Angle_b_c;
    stop();//读取城市节点信息和播报城市，并转动到另一个城市轨道上
    city_No++;        //计数走过了几个城市，每走过一个城市，city_No 变量自增一次
    //先前进 16 步，再读取标签卡的 ID
    if(Inverse_kinematics_Sign%2==0) {
        for(i=0;i<50;i++)
        {
            forward_f();
            delay_nms(5);
        }
    }
    else
    {
        for(i=0;i<40;i++)
        {
            back_f();
            delay_nms(5);
        }
    }
    //读取标签卡的 ID
    delay_nms(1000);
    /*****************************************************************/
    do
    {
        city_RFID=RFID();
//      delay_nms(10);

        x++;
    }while((city_RFID==0)&&(x<10));
        x=0;
/*********************循环多次，避免出现漏读*************************/
```

```c
        printf("%u \n",city_RFID);

//*******************************************************************************
//计算上一个、当前、下一个，这三个城市所构成的角度，并计算将要去的下一个城市的转角
        if(city[path[city_No]][2]==city_RFID)
        {
            if( city[Travel_itinerary[travel_city]][2]==city_RFID)
            {
                voice_broadcast(Travel_itinerary[travel_city]);        //语音播报当前城市名称
                travel_city++;
            }

            if(city_No<21 && city_No>0)                                //走过的城市不能超过 21 个
            {
                if(path[city_No-1]!=path[city_No+1])
                {
                    //a 是上一个城市，b 是当前城市，c 是下一个城市
                    //计算向量 a_b
                    a_b[0]=city[path[city_No]][0]-city[path[city_No-1]][0];
                    a_b[1]=city[path[city_No]][1]-city[path[city_No-1]][1];
                    //计算向量 b_c
                    b_c[0]=city[path[city_No+1]][0]-city[path[city_No]][0];
                    b_c[1]=city[path[city_No+1]][1]-city[path[city_No]][1];
                    //计算向量 a_b 与向量 b_c 夹角的 cos 值
                    cos_a_b_c=(a_b[0]*b_c[0]+a_b[1]*b_c[1])/(sqrt(a_b[0]*a_b[0]+a_b[1]*a_b[1])
                            *sqrt(b_c[0]*b_c[0]+b_c[1]*b_c[1]));
                    //计算向量 a_b 与向量 b_c 夹角
                    Angle_a_b_c=acos(cos_a_b_c);
                    //根据 a_b 向量所在坐标轴象限来判断 a_b 向量与 x 轴所构成逆时针角的大小
                    if(a_b[1]>0)
                    //当 a_b 向量 y 方向的值大于零时，a_b 向量在一二象限，与 x 轴构成的角等
//于反余弦函数算出的角大小
                        Angle_a_b=acos(a_b[0]/sqrt(a_b[0]*a_b[0]+a_b[1]*a_b[1]));
                    else
                    //否则，a_b 向量在三四象限，与 x 轴构成的角等于(2*pi-(反余弦函数算出的
//角大小)))
                        Angle_a_b=2*pi-acos(a_b[0]/sqrt(a_b[0]*a_b[0]+a_b[1]*a_b[1]));

                    if(b_c[1]>0)
                    //当 b_c 向量 y 方向的值大于零时，b_c 向量在一二象限，与 x 轴构成的角等
//于反余弦函数算出的角大小
                        Angle_b_c=acos(b_c[0]/sqrt(b_c[0]*b_c[0]+b_c[1]*b_c[1]));
                    else
                    //否则，b_c 向量在三四象限，与 x 轴构成的角等于(2*pi-(反余弦函数算出的
//角大小)))
                        Angle_b_c=2*pi-acos(b_c[0]/sqrt(b_c[0]*b_c[0]+b_c[1]*b_c[1]));
                }
                else
                Inverse_kinematics_Sign++;
            }

        }
//*******************************************************************************
        if(city_No<21 && city_No>0 && path[city_No-1]!=path[city_No+1])
        {
//*******************************************************************************
```

```
        //判断下一个城市是在左边还是右边，判断原则遵循右手定则
        if(Angle_a_b>Angle_b_c &&    Angle_a_b-Angle_b_c<pi)
            direction_Angle=direction_left;
        if(Angle_a_b>Angle_b_c &&    Angle_a_b-Angle_b_c>pi)
            direction_Angle=direction_right;
        if(Angle_a_b<Angle_b_c &&    Angle_b_c-Angle_a_b<pi)
            direction_Angle=direction_right;
        if(Angle_a_b<Angle_b_c &&    Angle_b_c-Angle_a_b>pi)
            direction_Angle=direction_left;

//*****************************************************************************

        if(Angle_a_b_c>0.3)     //当向量a_b与向量b_c夹角大于6度时，才执行以下语句
        {

            if(city_No==19)
                for(i=0;i<20;i++)
                    forward_f();

//*****************************************************************************
            //判断向右转
            if(direction_Angle==direction_right)
            {
                Turn_steps=(int)((Angle_a_b_c/pi/2)*200);
                //判断大概转动多少步才能到达黑线附近
                for(i=0;i<Turn_steps-10;i++) //转动到所需行走的黑线附近
                    turn_right_f();
            }

        //*****************************************************************************

        //*****************************************************************************
            //判断向左转
            if(direction_Angle==direction_left)
            {
                Turn_steps=(int)((Angle_a_b_c/pi/2)*200);
                //判断大概转动多少步才能到达黑线附近
                for(i=0;i<Turn_steps-10;i++) //转动到所需行走的黑线附近
                    turn_left_f();
            }

//*****************************************************************************
        }

        //前进20步
        for(i=0;i<25;i++)
        {
            if(Inverse_kinematics_Sign%2==0)
                forward_f();
            else
                back_f();
            delay_nms(5);
        }

//*****************************************************************************
        //闭环搜索黑线

        while(1)
        {
```

```
                    if(Inverse_kinematics_Sign%2==0)
                    {
                        qtis2=qtis2+( (P0&0x04)?1:0 );
                        qtis2=qtis2*2+( (P0&0x02)?1:0 );
                    }
                    else
                    {
                        qtis2=qtis2+( (P0&0x40)?1:0 );
                        qtis2=qtis2*2+( (P0&0x20)?1:0 );
                    }

                    switch(qtis2)
                    {
                        case 0:                         //00 ;
                            if(direction_Angle==direction_left)
                            {
                                turn_left_f();
//                              turn_left_f();
                            }
                            else
                            {
                                turn_right_f();
//                              turn_right_f();
                            }
                            break;
                        case 1:
                        case 2:
                        case 3:stop();break;
                    }
                    if(qtis2==1 ||qtis2==2 ||qtis2==3)
                        break;
                }
            }
}


/************************************************************
    *函数名:forward_f()          *输入:无
    *函数描述:小车前进            *输出:无
 ************************************************************/
void forward_f(void)
{
    left_moter=1;
    delay_nus(1532);
    left_moter=0;

    right_moter=1;
    delay_nus(1471);
    right_moter=0;
    delay_nms(10);     //延时 15ms
}


/************************************************************
    *函数名:stop()               *输入:无
    *函数描述:小车停止            *输出:无
 ************************************************************/
void stop(void)
{
    left_moter=1;
    delay_nus(1500);
```

```
        left_moter=0;

        right_moter=1;
        delay_nus(1500);
        right_moter=0;
        delay_nms(20);      //延时 20ms
}

/*****************************************************************
    *函数名:back_f()          *输入:无
    *函数描述:小车后退         *输出:无
*****************************************************************/
void back_f(void)
{
    left_moter=1;
    delay_nus(1400);
    left_moter=0;

    right_moter=1;
    delay_nus(1600);
    right_moter=0;
    delay_nms(20);      //延时10ms
}

/*****************************************************************
    *函数名:turn_right_f()      *输入:无
    *函数描述:小车右转          *输出:无
*****************************************************************/
void turn_right_f(void)
{
    left_moter=1;
    delay_nus(1535);
    left_moter=0;

    right_moter=1;
    delay_nus(1535);
    right_moter=0;
    delay_nms(18);      //延时 20ms
}
/*****************************************************************
    *函数名:turn_left_f()       *输入:无
    *函数描述:小车左转          *输出:无
*****************************************************************/
void turn_left_f(void)
{
    left_moter=1;
    delay_nus(1400);
    left_moter=0;

    right_moter=1;
    delay_nus(1400);
    right_moter=0;

    delay_nms(18);
}

void led(void)
{
```

```
        Led=0;
        delay_nms(450);
        Led=1;
        delay_nms(450);
        Led=0;
    }
```

该你了

将上面的源程序输入计算机，创建工程，编译和下载工程，完成"机器人高铁游中国"比赛任务。

工程素质和技能归纳

① 单片机串口通信和 RFID 读卡器的使用。
② 单片机与 PC 的串口通信驱动程序的编写。
③ 用一个定时器让两个串口通信设备完成通信的程序设计技巧。
④ 语音播放模块的使用和编程。
⑤ "机器人高铁游中国"比赛任务的设计与实现。

科学精神的培养

① 总结和归纳出单片机串口通信的时序图和框图。
② 查阅资料，了解和掌握与串口通信相关的寄存器设置等硬件知识。

第8章 综合比赛项目
——"机器人智能消防"比赛

 学习背景

"机器人智能消防"比赛是国内外各种机器人大赛的经典比赛项目,比赛模拟在现实家庭住宅或者公司仓库等建筑物中机器人处理火情的过程,要求参赛者制作一个由计算机控制的机器人,在一个模拟平面结构的房间里运动,找到代表房间里火源的正在燃烧的蜡烛并尽快将它熄灭。最快搜索到所有火源并将其熄灭的参赛者获胜。

由于是经典的比赛项目,因此市面上可以购买到许多完整的由单片机控制的灭火机器人,无须参赛人员进行任何开发或者程序编写工作就能够完成比赛任务,这严重背离了举办机器人大赛的宗旨。为了杜绝此类情况的出现,"中国教育机器人大赛"要求参赛的机器人必须是参赛者采用最基础的一些元器件动手制作的机器人,并需要现场制作一部分硬件进行验证。

"机器人智能消防"比赛需要用到几种新的传感器,并对这些传感器的信息进行综合处理,考察参赛者综合应用 C 语言各种知识和一些新的编程技术与技巧的能力。

 比赛任务

"机器人智能消防"比赛场地如图 8.1 所示。图中标明了场地的总体尺寸、房间布局和模拟火源的摆放位置,单位为 cm。其他有关比赛场地的技术特征和要求描述如下。

① 模拟房间的墙壁高 33cm,材质不限,颜色不限。

② 比赛场地地板不做特殊要求,只要平整即可。地板上允许有接口,但接合处必须平整。场地平整度要求:在不连续区域小于 0.2cm 水平误差。

③ 一些机器人可能采用泡沫、粉末或其他物质来熄灭蜡烛火焰,所以在每场比赛后应清理场地。

④ 机器人必须从比赛场地中代表起始位置的地方启动,如图 8.1 中标有"S"的位置,代表起始位置。

⑤ 对比赛场地周围的照明没有特殊要求。"机器人智能消防"比赛的特点就在于机器人应能够在一个含不确定照明、阴影、散光等实际情况的环境中运动。

⑥ 代表火源的蜡烛的有效高度(指火焰底部距场地表面的距离)为 15~20cm,蜡烛是直径为 1~2cm 的白蜡烛。由于蜡烛不断燃烧,当蜡烛较短时,为了保证上面提到的高度,可以将蜡烛安装在一个基座上,以满足要求。

在上述描述的比赛场地内,"机器人智能消防"比赛的基本任务是:设计一个基于 8 位单片机的小型舵机驱动轮式移动机器人,从比赛场地的起始点出发,搜索房间,寻找并熄灭火焰,最后回到起始点。更高级别的比赛除了要搜索和熄灭火焰,还需要搜索搜救对象,并将找到的搜救对象运回起始位置。总而言之,"机器人智能消防"比赛任务每年都可以通过调整火焰的数量、位置及搜救对象的类型、重量、位置和数量进行改变，以确保每年的比赛都有一定的挑战性。

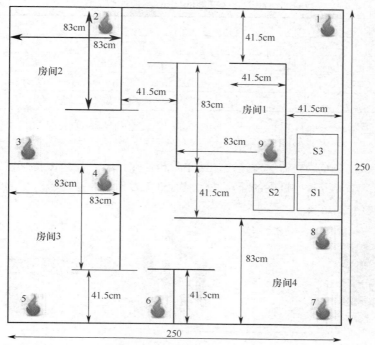

图 8.1　"机器人智能消防"比赛场地

本章以"中国教育机器人大赛"的基本比赛任务为例，详细讲解利用教学机器人套件设计和制作机器人来完成比赛任务的方法和步骤。

任务 8.1　确定完成比赛所需的传感器和灭火装置

"机器人智能消防"的比赛场地与"机器人高铁游中国"场地完全不同，循线传感器无法使用。灭火机器人要在地面没有引导线且类似走廊的狭窄空间中行走，最简单的方法是采用测距传感器，让机器人知道自己与周围障碍物的距离，通过这些距离来判断自身所处位置，并决定运动的策略，实现导航。最简单也最容易获得的测距传感器是超声波传感器。超声波传感器通过测量机器人与周围物体（如墙壁）的距离来引导机器人运动。

本任务使用的超声波传感器的实物图如图 8.2 所示，它有一个发射头和一个接收头，并有 1 个 4Pin 的接口，可以方便地安装到教学机器人的面包板上，与单片机的端口连接。该传感器可进行精确、非接触式的距离测量，测量范围为 2cm～5m，测量精度为 3mm。

图 8.2　超声波传感器的实物图

超声波传感器的 4Pin 接口引脚从左到右的详细定义如表 8.1 所示。

表 8.1　超声波传感器的 4Pin 接口的引脚定义

引　脚	描　　述
Vcc	5V 电压
GND	接地
TRIG	触发信号端，控制超声波测量信号发射
ECHO	接收端，检测超声波测量信号返回时间

　　该超声波传感器在与单片机连接时需要两个端口来控制传感器工作，其工作原理是：单片机控制超声波发射头向前方空间内发射一束超声波信号，遇到障碍物后返回，超声波接收头在接收到返回的超声波信号后立即通过接收端给单片机一个信号，超声波传感器的工作原理示意图如图 8.3 所示。单片机根据返回的超声波信号时刻与发射超声波信号时刻的时间差计算出障碍物与超声波传感器的距离。

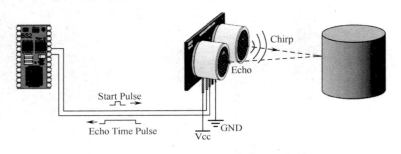

图 8.3　超声波传感器的工作原理示意图

　　当机器人到达房间后，需要检测房间内是否有火源，可以用一种远红外火焰传感器来解决。DM-FIR-FS 远红外火焰传感器可以用来探测火源或其他一些波长在 760～1100nm 范围内的热源，其正、反两面的实物图如图 8.4 所示。

　　该火焰传感器使用非常简单。在使用时，Vcc 接 5V 电源，GND 接地，并将 SIG1、SIG2 接单片机 I/O 端口，SIG1、SIG2 输出 0～5V 的电压信号。通过单片机 A/D 转换器采集读取两路模拟信号得到自身与火焰的距离，距离近则输出电压低，距离远则输出电压高。如果没有 A/D 转换器采集，端口直接获得 0

图 8.4　远红外火焰传感器正反两面的实物图

和 1 的数字信号，0 表示前方有火焰，1 表示前方没有火焰。

　　机器人在找到火源后，需要启动灭火装置熄灭火焰。最简单和最直接的方式是使用风扇将火焰吹灭。图 8.5 所示的灭火装置套件由 1 个高速直流电机、1 个风扇、一些安装和固定用的配件及 1 个型号为 DM-S10051 的传感器开关组成。传感器开关用单片机的端口输出信号来控制灭火电机的启动和停止，高速直流电机的转动需要较大的电流，单片机的端口无法直接提供，必须通过传感器开关由电源直接提供。

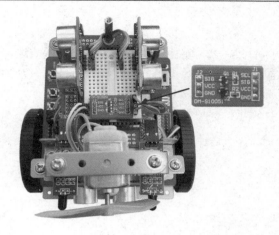

图 8.5 灭火装置套件

传感器开关在与传感器相连并控制其电源通断时，J1 口的 SIG 接单片机与传感器通信的 I/O 口，SEL 接单片机电源通断控制信号，Vcc 接 5V 电源，GND 接地。J2 口的 SIG 接传感器输出信号，Vcc 接传感器电源，GND 接传感器 GND。即传感器接 J2 口，单片机接 J1 口。传感器开关在与单纯用电模块连接，如连接灭火风扇控制其电源通断时，J1 口的 SEL 接单片机，以控制电源通断信号 I/O，Vcc 接 5V 电源，GND 接地。J2 口的 Vcc 接灭火风扇 Vcc，GND 接灭火风扇 GND，SIG 悬空。

任务 8.2 确定超声波传感器连接端口和编写测距函数

灭火机器人至少需要 3 个超声波传感器才能完成基本的导航任务，3 个传感器分别安装在机器人的前方、左侧和右侧。在编写导航程序前，必须确定 3 个超声波传感器与单片机的连接端口，并据此编写超声波测距函数。

1 个超声波传感器要用到两个单片机端口，3 个超声波传感器就要用到 6 个单片机端口。采用 C 语言的宏定义将每个传感器的引脚与单片机的端口引脚关联起来，并据此完成传感器与单片机的物理连接，代码如下。

```
#define TrigF    P2_2          //前方超声波传感器的发射端
#define EchoF    P2_3          //前方超声波传感器的接收端
#define TrigL    P2_0          //左侧超声波传感器的发射端
#define EchoL    P2_1          //左侧超声波传感器的接收端
#define TrigR    P2_4          //右侧超声波传感器的发射端
#define EchoR    P2_5          //右侧超声波传感器的接收端
```

要实现超声波测距功能，需要用到单片机的定时/计数功能，通过计数实现时间的测量。这里对该功能的设置和实现不做详细讲解，只给出具体的实现代码。

AT89S52 单片机有两个定时/计数器——T0 和 T1，这里使用 T0。在使用之前必须对定时/计数器进行初始化，设置其工作方式为计数，并将计数器清零，代码如下。

```
void Time0_Init (void)            //T0 初始化程序
{
    TMOD |= 0x01;                 //T0 选择工作方式 1
    TL0 = 0;                      //计数器低 8 位置 0
    TH0 = 0;                      //计数器高 8 位置 0
```

```
        TR0 = 0;                          //先停止计数
    }
```

根据超声波测距原理编写超声波测距函数。可以为 3 个超声波传感器各编写 1 个测距函数，也可以只编写 1 个函数，用 1 个形式参数决定在每次调用时使用哪个传感器，函数返回传感器测得的距离，单位为 mm，代码如下。

```
unsigned int Get_Sonar(char sonar)
{
        unsigned int count,distance;      //定义变量 count,distance 为 16 位数
        int m,n;
        Time0_Init();                     //T0 初始化
        switch(sonar)
    {
        case 'F':
                EchoF=0;                   //接收端置 0
                TrigF=0;                   //置超声波发射端为 0
                TrigF=1;                   //置超声波发射端为 1
                delay_nus(25);            //延时 25μs，发射端输出 25μs 的高电平
                TrigF=0;                   //置超声波发射端为 0
                while (EchoF==0);          //等待接收端高电平，表示测量开始
                TR0=1;                     //T0 计数开始
                while (EchoF==1);          //等待超声波测量脉冲下降沿
                TR0=0;                     //T0 计数停止，测量结束
                break;
        case 'L':
                EchoL=0;                   //接收端置 0
                TrigL=0;                   //置超声波发射端为 0
                TrigL=1;                   //置超声波发射端为 1
                delay_nus(25);            //延时 25μs，发射端输出 25μs 的高电平
                TrigL=0;                   //置超声波发射端为 0
                while (EchoL==0);          //等待接收端高电平，表示测量开始
                TR0=1;                     //T0 计数开始
                while (EchoL==1);          //等待超声波测量脉冲下降沿
                TR0=0;                     //T0 计数停止，测量结束
                break;
        case 'R':
                EchoR=0;                   //接收端置 0
                TrigR=0;                   //置超声波发射端为 0
                TrigR=1;                   //置超声波发射端为 1
                delay_nus(25);            //延时 25μs，发射端输出 25μs 的高电平
                TrigR=0;                   //置超声波发射端为 0
                while (EchoR==0);          //等待接收端高电平，表示测量开始
                TR0=1;                     //T0 计数开始
                while (EchoR==1);          //等待超声波测量脉冲下降沿
                TR0=0;                     //T0 计数停止，测量结束
                break;
    }
        m=TH0;                            //高 8 位为计数器获取的数据
        n=TL0;                            //低 8 位为计数器数据
        count=m*256 + n;                  //根据两个计数值计算 count
        distance=count/5.88;             //转换为距离，即 5.88μs 后超声波能传播 1mm
        return distance;
}
```

该你了

① 按照任务 8.2 的接线定义，利用块扩展学习板将 3 个超声波传感器分别安装到灭火机器人上，并用杜邦线和跳线同单片机的相应引脚连接起来。

② 利用上面编写的超声波测距函数，编写主控测试程序，测试 3 个超声波传感器是否正常工作。

任务 8.3　安装火焰传感器和灭火风扇，编写寻找火源和灭火程序

远红外火焰传感器有两个信号输出端口，传感器开关需要 1 个端口控制灭火风扇的启停，所以共需要 3 个单片机端口来检测火焰传感器信息并控制灭火风扇的启停。采用 C 语言的宏定义将火焰传感器的接口引脚、传感器开关的控制引脚与单片机的端口引脚关联起来，并据此完成与单片机的物理连接，代码如下。

```
#define FSL        P1_2      //火焰传感器左侧信号输出引脚
#define FSR        P1_4      //火焰传感器右侧信号输出引脚
#define MSel       P1_3      //传感器开关的控制端
```

只有当火焰传感器的两个引脚都输出低电平时，才能确认在机器人的正前方有火源存在，此时才可以启动灭火电机进行灭火，即给 MSel 引脚输出高电平，启动灭火电机。

编写灭火子函数如下。

```
void FireFighting( )
{
    MSel=1;                          //启动灭火风扇
    while（FSL==0 || FSR==0);         //等待火焰熄灭
    MSel=0;                          //停止灭火电机
}
```

以上灭火子函数让机器人停在原地，直到火焰熄灭。如果机器人离火焰较远，吹不灭火焰，那么机器人就永远出不来了。一种简单的解决办法是：让灭火风扇工作几秒（具体多少秒，可以通过实际测试确定），然后看看火焰有没有熄灭，如果没有，让机器人前进几步（具体前进多少步，同样可以通过实际测试确定），再等待几秒，如此循环，直到火焰熄灭。

机器人在进入房间后如何寻找火源呢？最简单的办法是根据机器人进入房间的位置缓慢旋转寻找火源。为了提高效率，编写一个带旋转方向参数的函数来搜索火焰。

为了简便，用宏定义简化两种无符号数据类型的定义。

```
#define uchar    unsigned char
#define uint     unsigned int
```

定义两个搜寻方向常量。

```
uchar right=1;
uchar left=0;
uchar SearchFire(uchar turndirection)
{
    uchar a=140;                     //最大搜寻角度
    delay_nms(200);
    while(--a&& FSL && FSR)
    {
        if(turndirection=right)
        MoveAStep(770,770);
```

```
            else
            MoveAStep(730,730);
        }
        return a;              //若返回值 a>0，则表示找到了火源，若 a=0，则表示没有找到火源
    }
```

该你了

① 按照任务 8.3 的接线定义，将火焰传感器、传感器开关和灭火风扇安装到灭火机器人上，并用杜邦线和跳线同单片机的相应引脚连接起来。

② 利用上面编写的灭火子函数，编写主控测试程序，测试火焰传感器和灭火风扇是否正常工作。

③ 如果上面的灭火子函数不能将火焰熄灭，按照上面的提示改写子函数，让其能够将火焰熄灭。

④ 解释一下为什么搜索火源的函数能够搜索到火源？

任务 8.4 "机器人智能消防"程序设计

根据超声波测距信息编写导航程序

有了超声波传感器提供的距离信息，机器人可以确定自己当前所处的位置，一种简单的判断方法如下。

① 若前方的距离小于一个设定的距离阈值，而左右两侧的距离大于阈值，则机器人位于一个丁字路口，可以左转或者右转。

② 若前方的距离大于一个设定的距离阈值，而左右两侧的距离小于阈值，则机器人位于走廊中间，只能直行。

③ 若前方和左侧的距离小于一个设定的距离阈值，而右侧的距离大于阈值，则机器人位于一个右转路口，只能右转。

④ 若前方和右侧的距离小于一个设定的距离阈值，而左侧的距离大于阈值，则机器人位于一个左转路口，只能左转。

⑤ 若三个方向的距离都小于一个设定的距离阈值，则机器人位于一个死胡同，只能掉头。

⑥ 若三个方向的距离都大于一个设定的距离阈值，则机器人位于一个十字路口，既可以直行，又可以左转或者右转。

⑦ 若前方和左侧的距离大于一个设定的距离阈值，而右侧的距离小于阈值，则机器人位于一个路口，可以前进或者左转。

⑧ 若前方和右侧的距离大于一个设定的距离阈值，而左侧的距离小于阈值，则机器人位于一个路口，可以前进或者右转。

通过阈值的设定，将 3 个超声波传感器的信息转换为两种状态信息，可以判断出 8 种路口状况。阈值数据具体取多大，要根据实际的场地测试而定。

机器人导航的一种最基本的运动策略是沿着墙壁行走。例如，小车一直沿右墙行走，根据超声波传感器提供的信息确定遇到路口的类型，决定机器人的运动方向。在某些情况下，还要根据机器人所处的位置修改机器人的前进方向，如当处于十字路口时，可能让机器人不再沿墙行走，而是直行穿过路口，此时要让它直走一段路程，在过了路口后重新沿壁检测下

一个房间。

把场地内最小的房间定为 1 号，按逆时针方向，其他房间依次设为 2、3、4 号。根据比赛要求，把每两个房间有火源的 6 种可能组合设定为 6 种灭火模式，用一个模式变量进行切换。

模式 1：从起始点出发，从 1 号房间起依次搜寻每个房间的火源，当灭完两根蜡烛后，就不再寻找其他房间，直接回到起始点，这个模式适用于蜡烛在 1、2 号房间的情况。

模式 2：蜡烛在 1、3 号房间，从起始点到 1、3 号房间灭火，灭完后回到起始点。

模式 3：蜡烛在 1、4 号房间，直接到 1、4 号房间灭火，灭完后回到起始点。

模式 4：蜡烛在 2、3 号房间，直接到 2、3 号房间灭火，灭完后回到起始点。

模式 5：蜡烛在 2、4 号房间，直接到 2、4 号房间灭火，灭完后回到起始点。

模式 6：蜡烛在 3、4 号房间，直接到 3、4 号房间灭火，灭完后回到起始点。

当抽签决定了蜡烛所放置的房间后，相应的灭火模式就确定了。据此修改模式变量，重新编译和下载执行代码，机器人就可以按照事先编好的程序完成比赛任务了。这种编程方式最为有效，机器人不会做多余的搜索。

经过对比赛场地和任务组合的分析，不同的模式需要选择不同的运动策略对机器人进行导航，以便机器人能够用最少的时间完成灭火任务。模式 1 让机器人一直沿右墙走，当前方遇到障碍物时就左转 90°，遇到路口，向右转 90°，在进入房间 1 后继续沿右墙行走搜索火源，灭火。在火焰熄灭后掉头，机器人改沿左墙行走，出房间，左转 90°，又改为沿右墙走，到达第 2 个房间，进去灭火，在灭完火后，掉头返回，回到起始点。其他模式参照上面的分析方法，完成机器人导航程序的设计。

在某些模式中，有些房间不用进去，当超声波检测到路口后，就让它直走一段路程，在过了路口后重新沿壁检测下一个房间。

在正式编写程序前，先定义 3 个全局变量来存储 3 个超声波传感器测得的距离数据。

```
unsigned int DistFront, DistLeft, DistRight;
DistFront = Get_Sonar('F');
DistLeft = Get_Sonar('L');
DistRight = Get_Sonar('R');
```

编写子函数，根据 3 个传感器的数据值和设定的阈值确定机器人所处的位置状态，并用变量记录保存下来。

```
unsigned int DistTheshold=50;              //根据实际情况调整
unsigned int PositionStatus()
{
    unsigned int positionStatus;
    if(DistFront>DistTheshold)
    {
        if(DistLeft>DistTheshold)
        {
            if(DistRight> DistTheshold)
                positionStatus=1;          //机器人在十字路口
            else
                positionStatus=2;          //机器人在可左转或直行的路口
        }
        else
        {
            if(DistRight>DistTheshold)
                positionStatus=3;          //机器人在可右转或直行的路口
```

```
                    else
                        positionStatus=4;                   //机器人在只能直行的巷子中
                }
        }
        else
        {
            if(DistLeft>DistTheshold)
            {
                if(DistRight>DistTheshold)
                    positionStatus=5;                       //机器人在丁字路口
                else
                    positionStatus=6;                       //机器人在只能左转的路口
            }
            else
            {
                if(DistRight>DistTheshold)
                    positionStatus=7;                       //机器人在只能右转的路口
                else
                    positionStatus=8;                       //机器人在死胡同中
            }
        }
        return positionStatus;                              //返回结果
    }
```

在每个模式的灭火过程中，只有机器人的位置状态还不能确定在某些路口机器人该往哪个方向前进。要让机器人准确地沿着规划好的路径前进，还需要有一个变量用于追踪记录机器人的前进位置，即要给机器人所要经过的路口编号，然后根据传感器状态信息确定机器人所在的路口，再根据规划好的灭火路径确定机器人的前进方向。在程序中定义一个全局变量追踪记录这个信息。

```
        unsigned int WhereAmI;
```

根据模式 1 的灭火任务，规划出机器人需要经过的路径，在模式 1 中机器人运动路径规划如图 8.6 所示。

根据这个规划的路径，可以确定模式 1 的灭火任务导航算法如下。

① 沿右墙行走至路口 1。

② 左转 90°。

③ 沿右墙行走至路口 2。

④ 左转 90°。

⑤ 沿右墙行走至路口 3。

⑥ 左转 90°。

⑦ 沿右墙行走至检测到火焰。

⑧ 灭火。

⑨ 180°掉头。

⑩ 沿左墙行走至路口 4。

⑪ 右转 90°。

⑫ 沿左墙行走至路口 5。

⑬ 左转 90°。

⑭ 沿右墙行走至路口 6。

⑮ 左转 90°。

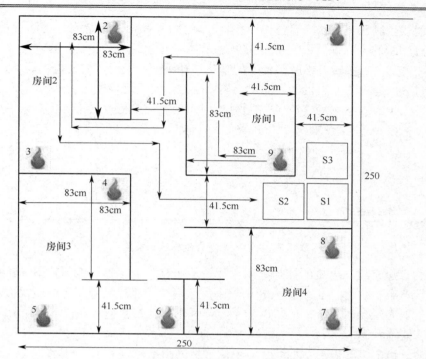

图 8.6 在模式 1 中机器人运动路径规划

⑯ 沿右墙行走至路口 7。

⑰ 右转 90°。

⑱ 沿左墙行走至路口 8。

⑲ 右转 90°。

⑳ 沿右墙行走至检测到火焰。

㉑ 灭火。

㉒ 180°掉头。

㉓ 沿左墙行走至路口 9。

㉔ 左转 90°。

㉕ 沿右墙行走至路口 10。

㉖ 右转 90°。

㉗ 沿右墙行走至路口 11。

㉘ 左转 90°。

㉙ 沿右墙回到出发点。

实现以上算法的左转 90°、右转 90°、180°掉头和灭火等函数都已经在前面进行了详细介绍，只缺少沿左墙或者右墙行走到某个路口的函数，下面来设计这个函数。

最简单的沿墙行走的算法是利用超声波传感器检测机器人与墙壁的距离，当距离大于期望值时，就往墙壁靠近一些；当距离小于期望值时，就离开一些。靠近还是离开都通过调整两个轮子的转速来执行。

由于超声波传感器分布于机器人的前、左、右 3 个方向，因此机器人在正常前进时一般只有一个超声波传感器是正对基准墙的，因此只需一个超声波信号就能控制机器人沿墙行走。

采用接近式控制策略，维持墙壁和传感器之间的距离为一固定常数。当两者距离过小时，机器人向远离墙壁的方向偏转；当两者距离过大时，机器人向靠近墙壁的方向偏转，机器人偏转采用差动方式，当偏转时维持机器人的转弯半径不变。采用该方式控制简单，路径平滑。

在旋转时采用差速法：当机器人需要远离墙壁时，使靠近墙壁的驱动轮速度为 V1，另一侧驱动轮速度为 V2，V1>V2；当需要靠近墙壁时，两轮速度值反过来。机器人沿墙行走算法示意图如图 8.7 所示，机器人的理想行进路线是一段段等半径的圆弧。

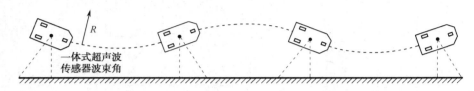

图 8.7　机器人沿墙行走算法示意图

机器人的行进路线与电机的控制周期和两轮差速有关。在电机控制频率足够高时，两轮差速越大，转弯半径 R 越小，机器人超调越小，但两轮差速过大容易造成微幅振荡。两轮速度差越小，机器人运动越顺滑，但超调越大。若两轮速度差过小，则转弯半径 R 过大，机器人和墙面会有碰撞危险。

根据上述分析先编写出沿左墙或者右墙走一步的函数。

先定义两个全局变量用于保存机器人在沿墙行走时期望与墙壁的距离和轮子转速调整步长，并进行初始化，同时定义一个全局变量用于保存在上次测量时机器人与墙壁的距离。

```
uint FollowDistance=40;                              //单位为 mm
uint PulseComp=50;                                   //调整脉冲数
uint DistLast;
void FollowWallAStep(uchar side)                     //沿墙走一步函数
//当 side=left 时，沿左墙走一步，否则沿右墙走一步
{
    uchar i=0;
    if(side==left)
    {
        DistLast = DistLeft;                         //记录上次测量值
        DistLeft = Get_Sonar('L');
        if(DistLeft > DistLast)                      //机器人正偏离墙前进
        {
            if(DistLeft > FollowDistance)
            {
                if(DistLast > FollowDistance)
                {
                    …                                //左偏一大步
                }
                else if(DistLast <= FollowDistance)
                {
                    …                                //左偏一小步
                }
            }
            else
            {
                …                                    //直线前进
            }
        }
        else if(DistLeft<DistLast)                   //机器人正靠近墙前进
```

```
                    {
                        if(DistLeft < FollowDistance)
                        {
                            if(DistLast > FollowDistance)
                            {
                            ...                                      //右偏一小步
                            }
                            else if(DistLast < FollowDistance)
                            {
                            ...                                      //右偏一大步
                            }
                    else
                        {
                        ...                                          //直线前进
                        }
                    }
                else                                                 //直线前进
                {
                    if(DistLast > FollowDistance)
                    {
                        ...                                          //左偏一小步
                    }
                    else if(DistLast < FollowDistance)
                    {
                        ...                                          //右偏一小步
                    }
                    else
                    {
                        ...                                          //直线前进
                    }
                }
            }
        else
        {
                DistLast = DistRight;                                //记录上次测量值
                DistRight = Get_Sonar('R');
                                                                     //过程与沿左墙前进一致
        }
        ...
    }
```

该你了

补充完成沿墙走一步算法，并编写测试程序，看看机器人是否能够按照预期沿着指定的墙壁稳定地前进。在实现函数时，注意超声波传感器测量需要用到的时间。如果直接调用本书最前面定义的 MoveAStep 函数，会让机器人走起来不流畅。

在调试好沿墙走一步的函数后，就可以很轻松地设计和编写沿墙走到各路口的函数了，如沿右墙走到左转路口的函数，沿右墙走到可直行和左转路口的函数等。同样地，可以设计和编写沿左墙走到某一个路口的函数。

沿右墙走到左转路口的函数可以通过检测安装在前方的超声波传感器的测量值直接确定是否到达了该路口。而沿右墙是否到达了可直行和左转的路口则相对复杂些。若该路口与前方墙壁的距离在超声波传感器的检测范围内，则可以直接通过检测机器人与前方墙壁的距离来确定是否到达了目的路口；若在检测范围之外，则可以检测左侧传感器的检测距离来确定是否到达了可左转和直行的路口。

该你了

结合自己的分析和理解，完成下面沿墙走到各种路口函数的编写和调试。

```
        void FollowWallToLPoint(uchar side)          //沿墙到左转或者右转路口
        //side=right 沿右墙到左转路口，side=left 沿左墙到右转路口
        void FollowWallToAPoint(uint dist)           //沿左墙或者右墙到距离前方墙壁 dist 距离的位置
        //基准墙一直存在
        void FollowWallToBPoint(uchar side)
        //沿左墙或者右墙前进到可左转直行或者可右转直行的路口
        void FollowWallToTPoint（uchar side）        //沿左墙或者右墙到丁字路口（可左转或者右转）
        void FollowWallToFPoint(uchar side)          //沿左墙或者右墙到达火源点
```

在编写并调试好以上函数后，就可以按照灭火模式 1 的导航算法编写一个模式 1 的灭火导航函数，完成对应的灭火任务。

```
        void Mode1( )
        {
                FollowWallToLPoint(right);
                …                                     //左转 90°
                FollowWallToAPoint（right）;
                …                                     //左转 90°
                …                                     //直线前进一小段距离
                FollowWallToLPoint(right);
                …                                     //左转 90°
                FollowWallToFPoint（right）;
                …                                     //灭火
                …                                     //180°掉头
                FollowWallToLPoint(left);
                …                                     //右转 90°
                FollowWallToTPoint(left);
                …                                     //左转 90°
                …
                FollowWallToLPoint(left);             //回到出发点
        }
```

该你了

完成上述函数的编写，并编写主程序，点燃蜡烛进行实际测试，看看机器人能否按照预期完成灭火任务。

如果能够完成灭火任务，则按照模式 1 的算法分析方法，完成其他 5 种灭火任务的程序编写。如果不能正常完成灭火任务，需要分析具体出错的位置和原因，并在现有的分析基础上对上面给出的各种算法函数进行修改。

当机器人到达丁字路口，或者可直行和转弯的路口时，为了让机器人到达路口的中间，需要机器人在没有传感器引导的情况下直线行走一段距离，同时机器人在转弯和掉头时也没有传感器信号的引导，所以有可能产生误差。当误差过大时，机器人不能正常回到沿墙行走的算法中。为此，需提供一个机器人姿态校正函数。

用机器人带动超声波传感器从与墙面水平的位置开始转动，超声波传感器从 0° 开始旋转，每转一步，测量一次与墙面的距离，将测量值通过串口发送至上位机。当超声波与电机

转动 180°时,可以得到多个距离值,通过对上位机采集的数据进行分析,可以得到以下结论:当波束中轴线与墙面法线夹角很大时,超声波不能反射回来;当波束中轴线与墙面法线夹角较大时,测量误差较大,这是由多次反射等原因造成的,不能反映真实测量值;当夹角为-30°~30°时,相邻测量值非常接近,相差不超过 5mm;当夹角为-27°~27°时,相邻测量值相差不超过 2mm,超声波传感器测距特性实验示意图如图 8.8 所示。改变超声波传感器与墙面距离进行实验,相邻测量值相差不超过 2mm 的角度依然为-27°~27°。因此,可以将波束中轴与墙面法线夹角为-27°~27°的范围作为检测的最佳范围。

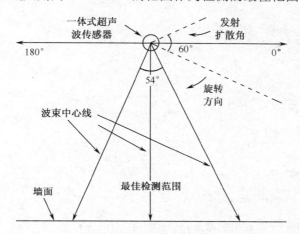

图 8.8　超声波传感器测距特性实验示意图

图 8.9 所示是超声波传感器旋转测量结果曲线,虽然超声波传感器发射出一个扇形波束,但所测距离是最近点的反射距离,当反射位置位于扇形区域内且越接近波束中心轴时,反射波就越强。在本任务中,由于传感器与墙面距离较近,因此在传感器散射角范围内测得的距离都是墙面与传感器最近点反射回的声波。由于超声波传感器固定在面包板上旋转,存在一定的转弯半径,因此-27°~27°范围内的测量值也存在一定的差异,但转弯半径很小且步距角较小,相邻测量值之差也较小。

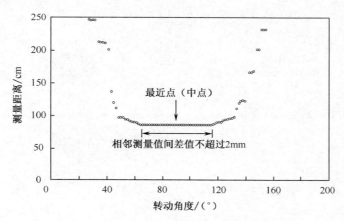

图 8.9　超声波传感器旋转测量结果曲线

使用以上原理来校正机器人与墙面的位置。具体实现方法是:让机器人原地缓慢旋转,当采集回来的数据之间差值很小时,认为机器人基本平行于墙面了。

```
/*****************************************************************/
//校正函数
//参数  turn_step:初始旋转步数，正为顺时针，负为逆时针
//参数  turn_dir23tcion:right 表示顺时针扫描，left 表示逆时针扫描
//校正机器人与墙面的位置，使机器人与墙面平行
/*****************************************************************/
void CorrentDirection(int turn_step,uchar turn_direction)
{
    uchar finish_mark=1;                       //校正完成标志
    uint dist0,dist1;                          //校正精度
    uchar deviation=1;                         //偏差
        uchar speedt=46;                       //校正速度
        delay_nms(200);

                ...                            //先旋转一个小角度(turn_step)使机器人不与墙面平行

        if(turn_direction==right)              //判断旋转扫描方向
        {                                      //右转校正机器人
            finish_mark=1;
          DistLeft = Get_Sonar('L');
        dist0= DistLeft;                       //记录采集到的数据，用于后续的比较
        while(finish_mark)                     //判断是否已经校正
        {
            DistLeft =GetSonarDis(1);
                ...                            //右转一步
            if(DistLeft ==dist0 && dist1==dist0 && DistLeft <250)
            //判断是否已经与墙面平行
            {
                DistFront = Get_Sonar('F');
                    if(DistFront <300|| DistFront >3000)
                    //判断前方是否有墙，避免旋转过多导致把垂直于基准墙的墙面当成基准墙
                    {
                        finish_mark=1;
                    }
                    else
                    {
                        ...                    //用于停住小车
                    finish_mark=0;            //校正完成标志
                    }
            }
            dist1=dist0;                       //记录之前采集的数据
            dist0= DistLeft;                   //记录当前采集的数据
        }
        }
        else if(turn_direction==left)          //判断旋转扫描方向
        {
                                               //左转校正机器人

        }
        delay_nms(200);
}
```

✋**该你了**

　　补充完成校正函数，并编写主程序调用该函数，检查校正函数是否能够正常工作。如果能够正常工作，将该函数加到灭火函数中，检查能否改善灭火机器人的性能，能否提高程序运行的可靠性。

完成灭火主程序的编写

通过定义灭火模式变量，可以在抽签决定灭火任务后修改该变量，使机器人能够适应任何一种组合。按照任务 8.4 的分析，完成 6 种模式的灭火函数编写，在主程序中根据变量的赋值选择对应的灭火函数。

按照本章提供的方法完成的灭火程序会达到几百行，为了方便管理，可以将不同功能的函数放到不同的文件中，如将所有不需要传感器的基础运动和动作放到一个 move.c 文件中，将超声波传感器的测量函数和初始化函数放到一个 Sonar.c 文件中，而将所有基于传感器数据进行导航的函数放到一个 action.c 文件中，再加一个主程序 main.c 文件，将这些文件都添加到项目工程中。这样，项目就有几个源文件。需要特别注意在不同文件中互相需要调用的函数和变量的声明。

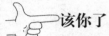该你了

① 本章使用 3 个超声波传感器导航完成灭火比赛任务，在编写沿墙走的算法时只能通过不断调整左轮和右轮的速度来调节机器人的运动方向，每次调整多少只能凭感觉，因此效率很低。可以利用第 3 章中用到的 PID 算法来计算每次应该给左轮和右轮的数据值，这样只需要调节 PID 参数就可以获得最佳的控制效果。尝试用 PID 算法编写沿墙走的控制程序，并进行实践。

② 能否用红外测距云台来完成灭火导航任务呢？尝试一下！

工程素质和技能归纳

① 超声波传感器的使用和超声波测距原理。
② 远红外火焰传感器的原理和使用方法。
③ 传感器开关的使用和电机的启停控制。
④ 复杂算法的分析和实现。

科学精神的培养

① 通过本章的算法设计和 C 语言实现，了解大型程序的开发和设计方法。
② 可否编写一个无须任何修改的程序完成各种灭火任务？

附 录

教学机器人基础车体组装步骤

步骤一：按照图 A.1、图 A.2，搭建车身基础框架，使用 M3×6 平头螺钉和 M3 螺母，M3×20 双通六角铜螺柱。

图 A.1　搭建车身基础框架（1）

图 A.2　搭建车身基础框架（2）

步骤二：将牛眼轮安装至基础车体，如图 A.3、图 A.4 所示，注意图中标注的铜螺柱规格。

图 A.3　将牛眼轮安装至基础车体（1）

图 A.4　将牛眼轮安装至基础车体（2）

步骤三：安装电池盒，使用十字沉头螺钉 M3×6 和螺母 M3，如图 A.5 所示。

步骤四：安装电机，使用镀镍的十字盘头带平垫螺钉 M3×6mm 和 M3 螺母，如图 A.6 所示。

图 A.5　安装电池盒

图 A.6　安装电机

步骤五：安装车轮并固定控制板和面包板，使用镀镍十字盘头带平垫螺钉 M3×8mm，如图 A.7 所示。

图 A.7　安装车轮并固定控制板和面包板